# 规模化肉羊养殖技术

王子璇　李　靖　杨菊凤　魏顺强◎主编

中国农业出版社
北　京

**项目支持**

新疆维吾尔自治区重点研发任务专项（厅地联动）项目

喀什地区畜牧兽医局干部人才统筹项目

# 编写人员


**主　编**　王子璇　李　靖　杨菊凤　魏顺强

**副主编**　段石玉　刘　波　毛明伟　司衣提·克热木
吴殿君　巫荣峥　杨　洛　俞　峰　朱怡平

**参　编**　蔡恩嘉　段云芳　贾旭晨　江　蓝　李梦玥
刘皓乾　路心怡　马玉辉　彭　聪　任虹霖
善　刚　庹世友　王生月　王　炜　谢文辉
谢雨欣　徐小娜　易海波　仲广智　周宇飞

# 前言

Foreword

肉羊产业是我国畜牧业的重要支柱产业之一，我国的羊肉产量位居世界第一位。随着经济发展和人民生活水平的提高，新疆尤其是南疆地区对羊肉的需求巨大，市场供给往往难以满足需求的增长。近年来，很多规模化肉羊养殖场逐渐在新疆落地。本书由喀什地区畜牧兽医局、中国农业大学动物医学院大动物临床医学研究中心、中国农业出版社马业编辑部等单位组织编写，邀请畜牧兽医领域专家、科研人员及各地一线技术人员，在营养、繁育、疾病防控、圈舍环境等方面为规模化肉羊的健康养殖提供了参考。

本书的编写要感谢喀什地区畜牧工作站、喀什地区动物疾病控制与诊断中心、喀什地区畜牧研究中心、昭苏县畜牧兽医发展中心、新疆阿斯曼牧业有限责任公司、喀什中昆新农业有限责任公司、莎车康牧源畜禽服务站等单位的大力支持，并感谢新疆维吾尔自治区重点研发任务专项（厅地联动）项目和喀什地区畜牧兽医局干部人才援疆统筹项目资金的资助。

由于编者水平有限，在编写过程中难免存在疏漏和不当之处，敬请广大读者批评指正。

编　者

2023 年 7 月

# 前言

# 目录

Contents

## 第四章 规模化肉羊养殖圈舍管理技术

第一章

# 规模化肉羊养殖营养配给技术

本章介绍了肉羊的营养需要标准、全株玉米青贮饲料的配制、饲料品质控制、日常管理评估的技术要求。

## 一、肉羊营养需要标准

**1. 哺乳羔羊营养需要量**

应符合表1-1和表1-7的要求。

**2. 生长育肥公羊和母羊营养需要量**

应符合表1-2、表1-3和表1-7的要求。

**3. 妊娠和泌乳母羊营养需要量**

应符合表1-4、表1-5和表1-7的要求。

**4. 种公羊营养需要量**

应符合表1-6和表1-7的要求。

**表1-1　肉用绵羊哺乳羔羊干物质、能量、蛋白质、钙和磷需要量**

| 体重(BW,kg) | 日增重(ADG,g/d) | 干物质采食量(DMI,kg/d) | 代谢能(ME,MJ/d) | 净能(NE,MJ/d) | 粗蛋白(CP,g/d) | 代谢蛋白(MP,g/d) | 净蛋白(NP,g/d) | 钙(Ca,g/d) | 磷(P,g/d) |
|---|---|---|---|---|---|---|---|---|---|
| 6 | 100 | 0.16 | 2.0 | 0.8 | 33 | 26 | 20 | 1.5 | 0.8 |
| | 200 | 0.19 | 2.3 | 1.0 | 38 | 31 | 23 | 1.7 | 1.0 |
| 8 | 100 | 0.27 | 3.2 | 1.4 | 54 | 43 | 32 | 2.4 | 1.3 |
| | 200 | 0.32 | 3.8 | 1.6 | 64 | 51 | 38 | 2.9 | 1.6 |
| | 300 | 0.35 | 4.2 | 1.8 | 71 | 56 | 42 | 3.2 | 1.8 |

（续）

| 体重（BW，kg） | 日增重（ADG，g/d） | 干物质采食量（DMI，kg/d） | 代谢能（ME，MJ/d） | 净能（NE，MJ/d） | 粗蛋白（CP，g/d） | 代谢蛋白（MP，g/d） | 净蛋白（NP，g/d） | 钙（Ca，g/d） | 磷（P，g/d） |
|---|---|---|---|---|---|---|---|---|---|
| 10 | 100 | 0.39 | 4.7 | 2.0 | 79 | 63 | 47 | 3.5 | 2.0 |
| | 200 | 0.46 | 5.5 | 2.3 | 92 | 74 | 55 | 4.2 | 2.3 |
| | 300 | 0.51 | 6.2 | 2.6 | 103 | 82 | 62 | 4.6 | 2.6 |

**表1-2　肉用绵羊生长育肥公羊干物质、能量、蛋白质、中性洗涤纤维、钙和磷需要量**

| 体重（BW，kg） | 日增重（ADG，g/d） | 干物质采食量（DMI，kg/d） | 代谢能（ME，MJ/d） | 净能（NE，MJ/d） | 粗蛋白（CP，g/d） | 代谢蛋白（MP，g/d） | 净蛋白（NP，g/d） | 中性洗涤纤维（NDF，kg/d） | 钙（Ca，g/d） | 磷（P，g/d） |
|---|---|---|---|---|---|---|---|---|---|---|
| 20 | 100 | 0.71 | 5.6 | 3.3 | 99 | 43 | 29 | 0.21 | 6.4 | 3.6 |
| | 200 | 0.85 | 8.1 | 4.4 | 119 | 61 | 41 | 0.26 | 7.7 | 4.3 |
| | 300 | 0.95 | 10.5 | 5.5 | 133 | 79 | 53 | 0.29 | 8.6 | 4.8 |
| | 350 | 1.06 | 11.7 | 6.0 | 148 | 88 | 60 | 0.32 | 9.5 | 5.3 |
| 25 | 100 | 0.80 | 6.5 | 3.8 | 112 | 47 | 31 | 0.24 | 7.2 | 4.0 |
| | 200 | 0.94 | 9.2 | 5.0 | 132 | 65 | 44 | 0.28 | 8.5 | 4.7 |
| | 300 | 1.03 | 11.9 | 6.2 | 144 | 83 | 56 | 0.31 | 9.3 | 5.2 |
| | 350 | 1.17 | 13.3 | 6.9 | 157 | 92 | 62 | 0.35 | 10.5 | 5.9 |
| 30 | 100 | 1.02 | 7.4 | 4.3 | 143 | 51 | 34 | 0.31 | 9.2 | 5.1 |
| | 200 | 1.21 | 10.3 | 5.6 | 169 | 69 | 46 | 0.36 | 10.9 | 6.1 |
| | 300 | 1.29 | 13.3 | 7.0 | 181 | 87 | 59 | 0.39 | 11.6 | 6.5 |
| | 350 | 1.48 | 14.7 | 7.6 | 207 | 96 | 65 | 0.44 | 13.3 | 7.4 |
| 35 | 100 | 1.12 | 8.1 | 4.9 | 157 | 55 | 37 | 0.34 | 10.1 | 5.6 |
| | 200 | 1.31 | 10.9 | 6.1 | 183 | 73 | 49 | 0.39 | 11.8 | 6.6 |
| | 300 | 1.38 | 13.7 | 7.4 | 193 | 90 | 61 | 0.41 | 12.4 | 6.9 |
| | 350 | 1.50 | 15.1 | 8.1 | 224 | 99 | 67 | 0.48 | 13.6 | 8.0 |
| 40 | 100 | 1.22 | 8.7 | 5.4 | 159 | 78 | 39 | 0.43 | 11.0 | 6.1 |
| | 200 | 1.41 | 11.3 | 6.6 | 183 | 97 | 54 | 0.49 | 12.7 | 7.1 |
| | 300 | 1.48 | 13.9 | 7.8 | 192 | 117 | 68 | 0.52 | 13.3 | 7.4 |
| | 350 | 1.62 | 15.2 | 8.5 | 224 | 136 | 73 | 0.60 | 14.5 | 8.6 |

（续）

| 体重（BW，kg） | 日增重（ADG，g/d） | 干物质采食量（DMI，kg/d） | 代谢能（ME，MJ/d） | 净能（NE，MJ/d） | 粗蛋白（CP，g/d） | 代谢蛋白（MP，g/d） | 净蛋白（NP，g/d） | 中性洗涤纤维（NDF，kg/d） | 钙（Ca，g/d） | 磷（P，g/d） |
|---|---|---|---|---|---|---|---|---|---|---|
| 45 | 100 | 1.33 | 9.4 | 5.8 | 173 | 83 | 41 | 0.47 | 12.0 | 6.7 |
| | 200 | 1.51 | 12.1 | 7.1 | 196 | 103 | 56 | 0.53 | 13.6 | 7.6 |
| | 300 | 1.57 | 14.9 | 8.4 | 204 | 122 | 70 | 0.55 | 14.1 | 7.9 |
| | 350 | 1.70 | 16.3 | 9.0 | 221 | 141 | 77 | 0.65 | 15.4 | 9.3 |
| 50 | 100 | 1.43 | 10.0 | 6.3 | 186 | 88 | 44 | 0.50 | 12.9 | 7.2 |
| | 200 | 1.61 | 12.9 | 7.6 | 209 | 107 | 58 | 0.56 | 14.5 | 8.1 |
| | 300 | 1.66 | 15.8 | 8.9 | 216 | 131 | 72 | 0.58 | 14.9 | 8.3 |
| | 350 | 1.76 | 17.3 | 9.6 | 230 | 146 | 80 | 0.69 | 16.0 | 9.9 |
| 55 | 100 | 1.53 | 10.9 | 6.8 | 199 | 95 | 47 | 0.54 | 13.8 | 7.7 |
| | 200 | 1.72 | 13.9 | 8.1 | 225 | 110 | 62 | 0.68 | 15.4 | 8.7 |
| | 300 | 1.80 | 17.0 | 9.3 | 233 | 131 | 75 | 0.73 | 16.2 | 9.0 |
| | 350 | 1.95 | 18.5 | 10.0 | 255 | 150 | 84 | 0.85 | 17.7 | 10.1 |
| 60 | 100 | 1.63 | 11.8 | 7.5 | 212 | 101 | 50 | 0.57 | 14.7 | 8.2 |
| | 200 | 1.82 | 15.0 | 8.9 | 238 | 110 | 65 | 0.72 | 16.5 | 9.3 |
| | 300 | 1.91 | 18.2 | 10.3 | 248 | 139 | 78 | 0.77 | 17.2 | 10.0 |
| | 350 | 2.05 | 19.8 | 11.0 | 265 | 155 | 88 | 0.91 | 18.6 | 11.2 |

**表1-3　肉用绵羊生长育肥母羊干物质、能量、蛋白质、中性洗涤纤维、钙和磷需要量**

| 体重（BW，kg） | 日增重（ADG，g/d） | 干物质采食量（DMI，kg/d） | 代谢能（ME，MJ/d） | 净能（NE，MJ/d） | 粗蛋白（CP，g/d） | 代谢蛋白（MP，g/d） | 净蛋白（NP，g/d） | 中性洗涤纤维（NDF，kg/d） | 钙（Ca，g/d） | 磷（P，g/d） |
|---|---|---|---|---|---|---|---|---|---|---|
| 20 | 100 | 0.62 | 6.0 | 3.3 | 86 | 40 | 28 | 0.19 | 6.1 | 3.4 |
| | 200 | 0.74 | 8.7 | 4.5 | 104 | 57 | 40 | 0.22 | 7.3 | 4.0 |
| | 300 | 0.85 | 11.4 | 5.7 | 121 | 76 | 52 | 0.25 | 8.4 | 4.6 |
| | 350 | 0.92 | 12.7 | 6.3 | 129 | 84 | 58 | 0.28 | 9.1 | 5.0 |

（续）

| 体重（BW，kg） | 日增重（ADG，g/d） | 干物质采食量（DMI，kg/d） | 代谢能（ME，MJ/d） | 净能（NE，MJ/d） | 粗蛋白（CP，g/d） | 代谢蛋白（MP，g/d） | 净蛋白（NP，g/d） | 中性洗涤纤维（NDF，kg/d） | 钙（Ca，g/d） | 磷（P，g/d） |
|---|---|---|---|---|---|---|---|---|---|---|
| 25 | 100 | 0.70 | 6.9 | 3.8 | 97 | 44 | 30 | 0.21 | 6.9 | 3.8 |
| | 200 | 0.82 | 9.8 | 5.1 | 114 | 61 | 42 | 0.25 | 8.1 | 4.5 |
| | 300 | 0.93 | 12.7 | 6.4 | 131 | 80 | 54 | 0.27 | 9.2 | 5.1 |
| | 350 | 0.99 | 14.2 | 7.1 | 140 | 88 | 59 | 0.31 | 9.8 | 5.4 |
| 30 | 100 | 0.80 | 7.6 | 4.3 | 108 | 48 | 33 | 0.27 | 7.9 | 4.4 |
| | 200 | 0.92 | 10.8 | 5.7 | 126 | 65 | 44 | 0.32 | 9.1 | 5.0 |
| | 300 | 1.03 | 14.0 | 7.1 | 144 | 84 | 55 | 0.34 | 10.2 | 5.6 |
| | 350 | 1.09 | 15.5 | 7.8 | 152 | 92 | 61 | 0.39 | 10.8 | 5.9 |
| 35 | 100 | 0.91 | 8.5 | 5.1 | 120 | 52 | 35 | 0.29 | 9.0 | 5.0 |
| | 200 | 1.04 | 11.6 | 6.4 | 137 | 69 | 46 | 0.34 | 10.3 | 5.7 |
| | 300 | 1.17 | 14.7 | 7.8 | 155 | 87 | 57 | 0.36 | 11.6 | 6.4 |
| | 350 | 1.24 | 16.0 | 8.5 | 165 | 95 | 62 | 0.42 | 12.3 | 6.8 |
| 40 | 100 | 1.01 | 9.5 | 6.0 | 133 | 75 | 39 | 0.37 | 10.0 | 5.5 |
| | 200 | 1.13 | 12.5 | 7.4 | 150 | 93 | 50 | 0.43 | 11.2 | 6.2 |
| | 300 | 1.26 | 15.4 | 8.8 | 167 | 114 | 60 | 0.45 | 12.5 | 6.9 |
| | 350 | 1.34 | 16.9 | 9.4 | 176 | 122 | 65 | 0.52 | 13.3 | 7.3 |
| 45 | 100 | 1.12 | 10.5 | 6.5 | 145 | 80 | 41 | 0.40 | 11.1 | 6.1 |
| | 200 | 1.24 | 13.4 | 7.9 | 161 | 99 | 53 | 0.46 | 12.3 | 6.8 |
| | 300 | 1.35 | 16.3 | 9.3 | 178 | 119 | 65 | 0.48 | 13.4 | 7.4 |
| | 350 | 1.42 | 17.8 | 9.9 | 188 | 127 | 69 | 0.56 | 14.1 | 7.7 |
| 50 | 100 | 1.24 | 11.6 | 6.9 | 158 | 85 | 44 | 0.44 | 12.3 | 6.8 |
| | 200 | 1.36 | 14.5 | 8.4 | 174 | 103 | 56 | 0.49 | 13.5 | 7.4 |
| | 300 | 1.48 | 17.6 | 9.9 | 190 | 123 | 68 | 0.51 | 14.7 | 8.1 |
| | 350 | 1.55 | 19.0 | 10.6 | 197 | 131 | 73 | 0.60 | 15.3 | 8.4 |

（续）

| 体重（BW，kg） | 日增重（ADG，g/d） | 干物质采食量（DMI，kg/d） | 代谢能（ME，MJ/d） | 净能（NE，MJ/d） | 粗蛋白（CP，g/d） | 代谢蛋白（MP，g/d） | 净蛋白（NP，g/d） | 中性洗涤纤维（NDF，kg/d） | 钙（Ca，g/d） | 磷（P，g/d） |
|---|---|---|---|---|---|---|---|---|---|---|
| 55 | 100 | 1.35 | 12.5 | 7.4 | 173 | 92 | 48 | 0.47 | 13.4 | 7.4 |
| | 200 | 1.47 | 15.4 | 9.0 | 190 | 110 | 61 | 0.59 | 14.6 | 8.0 |
| | 300 | 1.59 | 18.4 | 10.5 | 206 | 129 | 73 | 0.64 | 15.7 | 8.7 |
| | 350 | 1.66 | 20.0 | 11.3 | 215 | 136 | 79 | 0.74 | 16.4 | 9.0 |
| 60 | 100 | 1.48 | 13.4 | 8.0 | 184 | 98 | 52 | 0.50 | 14.7 | 8.1 |
| | 200 | 1.61 | 16.5 | 9.5 | 200 | 116 | 64 | 0.62 | 15.9 | 8.8 |
| | 300 | 1.73 | 19.4 | 11.0 | 217 | 136 | 76 | 0.67 | 17.1 | 9.4 |
| | 350 | 1.80 | 20.9 | 11.8 | 228 | 144 | 81 | 0.79 | 17.8 | 9.8 |

**表 1-4　肉用绵羊妊娠母羊干物质、能量、蛋白质、钙和磷需要量**

| 妊娠阶段 | 体重（BW，kg） | 干物质采食量（DMI，kg/d） | | | 代谢能（ME，MJ/d） | | | 粗蛋白质（CP，g/d） | | | 代谢蛋白质（MP，g/d） | | | 钙（Ca，g/d） | | | 磷（P，g/d） | | |
|---|---|---|---|---|---|---|---|---|---|---|---|---|---|---|---|---|---|---|---|
| | | 单羔 | 双羔 | 三羔 | 单羔 | 双羔 | 三羔 | 单羔 | 双羔 | 三羔 | 单羔 | 双羔 | 三羔 | 单羔 | 双羔 | 三羔 | 单羔 | 双羔 | 三羔 |
| 妊娠前期 | 40 | 1.16 | 1.31 | 1.46 | 9.3 | 10.5 | 11.7 | 151 | 170 | 190 | 106 | 119 | 133 | 10.4 | 11.8 | 13.1 | 7.0 | 7.9 | 8.8 |
| | 50 | 1.31 | 1.51 | 1.65 | 10.5 | 12.1 | 13.2 | 170 | 196 | 215 | 119 | 137 | 150 | 11.8 | 13.6 | 14.9 | 7.9 | 9.1 | 9.9 |
| | 60 | 1.46 | 1.69 | 1.82 | 11.7 | 13.5 | 14.6 | 190 | 220 | 237 | 133 | 154 | 166 | 13.1 | 15.2 | 16.4 | 8.8 | 10.1 | 10.9 |
| | 70 | 1.61 | 1.84 | 2.00 | 12.9 | 14.7 | 16.0 | 209 | 239 | 260 | 147 | 167 | 182 | 14.5 | 16.6 | 18.0 | 9.7 | 11.0 | 12.0 |
| | 80 | 1.75 | 2.00 | 2.17 | 14.0 | 16.0 | 17.4 | 228 | 260 | 282 | 159 | 182 | 197 | 15.8 | 18.0 | 19.5 | 10.5 | 12.0 | 13.0 |
| | 90 | 1.91 | 2.18 | 2.37 | 15.3 | 17.4 | 19.0 | 248 | 283 | 308 | 174 | 198 | 160 | 17.2 | 19.6 | 21.3 | 11.5 | 13.1 | 14.2 |
| 妊娠后期 | 40 | 1.45 | 1.82 | 2.11 | 11.6 | 14.6 | 16.9 | 189 | 237 | 274 | 132 | 166 | 192 | 13.1 | 16.4 | 19.0 | 8.7 | 10.9 | 12.7 |
| | 50 | 1.63 | 2.06 | 2.36 | 13.0 | 16.5 | 18.9 | 212 | 268 | 307 | 148 | 187 | 215 | 14.7 | 18.5 | 21.2 | 9.8 | 12.4 | 14.2 |
| | 60 | 1.80 | 2.29 | 2.59 | 14.4 | 18.2 | 20.7 | 234 | 298 | 337 | 164 | 208 | 236 | 16.2 | 20.6 | 23.3 | 10.8 | 13.7 | 15.5 |
| | 70 | 1.98 | 2.49 | 2.83 | 15.8 | 19.9 | 22.6 | 257 | 324 | 368 | 180 | 227 | 258 | 17.8 | 22.4 | 25.5 | 11.9 | 14.9 | 17.0 |
| | 80 | 2.15 | 2.68 | 3.05 | 17.2 | 214 | 24.4 | 280 | 348 | 397 | 196 | 244 | 278 | 19.4 | 24.1 | 27.5 | 12.9 | 16.1 | 18.3 |
| | 90 | 2.34 | 2.92 | 3.32 | 18.7 | 23.1 | 26.6 | 304 | 380 | 432 | 213 | 266 | 302 | 21.1 | 26.3 | 29.9 | 14.0 | 17.5 | 19.9 |

备注：妊娠第1～90d为妊娠前期、第91～150d为妊娠后期。

**表 1-5　肉用绵羊泌乳母羊干物质、能量、蛋白质、钙和磷需要量**

| 哺乳阶段 | 体重(BW，kg) | 干物质采食量(DMI，kg/d) | | | 代谢能(ME，MJ/d) | | | 粗蛋白质(CP，g/d) | | | 代谢蛋白质(MP，g/d) | | | 钙(Ca，g/d) | | | 磷(P，g/d) | | |
|---|---|---|---|---|---|---|---|---|---|---|---|---|---|---|---|---|---|---|---|
| | | 单羔 | 双羔 | 三羔 | 单羔 | 双羔 | 三羔 | 单羔 | 双羔 | 三羔 | 单羔 | 双羔 | 三羔 | 单羔 | 双羔 | 三羔 | 单羔 | 双羔 | 三羔 |
| 哺乳前期 | 40 | 1.36 | 1.75 | 2.04 | 10.9 | 14.0 | 16.4 | 177 | 228 | 265 | 124 | 159 | 186 | 12.3 | 15.8 | 18.4 | 8.2 | 10.5 | 12.2 |
| | 50 | 1.58 | 2.01 | 2.35 | 12.5 | 16.1 | 18.8 | 205 | 262 | 306 | 143 | 183 | 214 | 14.2 | 18.1 | 21.2 | 9.5 | 12.1 | 14.1 |
| | 60 | 1.77 | 2.25 | 2.61 | 14.2 | 18.0 | 20.9 | 230 | 293 | 340 | 161 | 205 | 238 | 15.9 | 20.3 | 23.5 | 10.6 | 13.5 | 15.7 |
| | 70 | 1.96 | 2.48 | 2.86 | 15.7 | 19.8 | 22.9 | 255 | 322 | 372 | 178 | 225 | 260 | 17.6 | 22.3 | 25.8 | 11.8 | 14.9 | 17.2 |
| | 80 | 2.13 | 2.69 | 3.11 | 17.1 | 21.5 | 24.8 | 277 | 349 | 404 | 194 | 245 | 283 | 19.2 | 24.2 | 28.0 | 12.8 | 16.1 | 18.7 |
| 哺乳中期 | 40 | 1.20 | 1.50 | 1.71 | 9.6 | 12 | 13.7 | 156 | 195 | 223 | 109 | 137 | 156 | 10.8 | 13.5 | 15.4 | 7.2 | 9.0 | 10.3 |
| | 50 | 1.40 | 1.72 | 1.97 | 11.2 | 13.8 | 15.7 | 182 | 224 | 256 | 127 | 157 | 179 | 12.6 | 15.5 | 17.7 | 8.4 | 10.3 | 11.8 |
| | 60 | 1.58 | 1.94 | 2.20 | 12.6 | 15.5 | 17.6 | 205 | 252 | 286 | 144 | 177 | 200 | 14.2 | 17.5 | 19.8 | 9.5 | 11.6 | 13.2 |
| | 70 | 1.75 | 2.14 | 2.42 | 14.0 | 17.1 | 19.4 | 228 | 278 | 315 | 159 | 195 | 220 | 15.8 | 19.3 | 21.8 | 10.5 | 12.8 | 14.5 |
| | 80 | 1.91 | 2.33 | 2.63 | 15.3 | 18.6 | 21.0 | 248 | 303 | 342 | 174 | 212 | 239 | 17.2 | 21.0 | 23.7 | 11.5 | 14.0 | 15.8 |
| 哺乳后期 | 40 | 1.09 | 1.38 | 1.62 | 8.7 | 11.0 | 13.0 | 142 | 179 | 211 | 99 | 126 | 148 | 9.8 | 12.4 | 14.6 | 6.5 | 8.3 | 9.7 |
| | 50 | 1.26 | 1.60 | 1.83 | 10.0 | 12.8 | 14.7 | 164 | 208 | 23 | 115 | 146 | 167 | 11.3 | 14.4 | 16.5 | 7.6 | 9.6 | 11.0 |
| | 60 | 1.43 | 1.80 | 2.06 | 11.4 | 14.4 | 16.5 | 186 | 234 | 268 | 130 | 164 | 187 | 12.9 | 16.2 | 18.5 | 8.6 | 10.8 | 12.4 |
| | 70 | 1.61 | 2.00 | 2.29 | 12.8 | 16.0 | 18.3 | 209 | 260 | 298 | 147 | 182 | 208 | 14.5 | 18.0 | 20.6 | 9.7 | 12.0 | 13.7 |
| | 80 | 1.76 | 2.19 | 2.50 | 14.1 | 17.5 | 20.0 | 229 | 285 | 325 | 160 | 199 | 228 | 15.8 | 19.7 | 22.5 | 10.6 | 13.1 | 15.0 |

备注：哺乳第 1～30d 为哺乳前期、第 31～60d 为哺乳中期、第 61～90d 为哺乳后期。

**表 1-6　肉用绵羊种用公羊干物质、能量、蛋白质、钙和磷需要量**

| 体重(BW，kg) | 干物质采食量(DMI，kg/d) | | 代谢能(ME，MJ/d) | | 粗蛋白质(CP，g/d) | | 代谢蛋白质(MP，g/d) | | 中性洗涤纤维(NDF，kg/d) | | 钙(Ca，g/d) | | 磷(P，g/d) | |
|---|---|---|---|---|---|---|---|---|---|---|---|---|---|---|
| | 非配种期 | 配种期 | 非配种期 | 配种期 | 非配种期 | 配种期 | 非配种期 | 配种期 | 非配种期 | 配种期 | 非配种期 | 配种期 | 非配种期 | 配种期 |
| 75 | 1.48 | 1.64 | 11.9 | 13.0 | 207 | 246 | 145 | 172 | 0.52 | 0.57 | 13.3 | 14.8 | 8.9 | 9.8 |
| 100 | 1.77 | 1.95 | 14.2 | 15.6 | 248 | 293 | 173 | 205 | 0.62 | 0.68 | 15.9 | 17.6 | 10.6 | 11.7 |
| 125 | 2.09 | 2.30 | 16.7 | 18.4 | 293 | 345 | 205 | 242 | 0.73 | 0.81 | 18.8 | 20.7 | 12.5 | 13.8 |
| 150 | 2.40 | 2.64 | 19.2 | 21.1 | 336 | 396 | 235 | 277 | 0.84 | 0.92 | 21.6 | 23.8 | 14.4 | 15.8 |
| 175 | 2.71 | 2.95 | 21.7 | 23.6 | 379 | 443 | 266 | 310 | 0.95 | 1.03 | 24.4 | 26.6 | 16.3 | 17.7 |
| 200 | 2.98 | 3.27 | 23.8 | 26.2 | 117 | 491 | 292 | 343 | 1.04 | 1.14 | 26.8 | 29.4 | 17.9 | 19.6 |

**表 1-7　肉用绵羊矿物质和维生素需要量**

| 项目 | 生理阶段 | | | | |
|---|---|---|---|---|---|
| | 6～18kg（哺乳羔羊） | 20～60kg（生长育肥羊） | 40～90kg（妊娠母羊） | 40～80kg（泌乳母羊） | 75～200kg（种用公羊） |
| 矿物质需要量 | | | | | |
| 钠（Na，g/d） | 0.1～0.4 | 0.4～1.5 | 0.7～1.6 | 0.8～1.2 | 0.7～1.9 |
| 钾（K，g/d） | 0.8～3.6 | 4.0～10.2 | 6.3～11.5 | 7.0～12.5 | 7.0～14.5 |
| 氯（Cl，g/d） | 0.2～0.5 | 0.5～1.6 | 0.6～1.8 | 0.8～1.4 | 0.8～1.5 |
| 硫（S，g/d） | 0.3～0.9 | 2.1～4.5 | 2.6～4.2 | 2.5～4.6 | 2.8～5.0 |
| 镁（Mg，g/d） | 0.3～0.8 | 0.6～2.3 | 1.0～2.5 | 1.4～3.5 | 1.8～3.7 |
| 铜（Cu，mg/d） | 0.9～3.0 | 6.0～33.0 | 9.0～35.0 | 9.0～36.0 | 12.0～38.0 |
| 铁（Fe，mg/d） | 10.0～29.0 | 30.0～88.0 | 38.0～88.0 | 44.0～97.0 | 45.0～120.0 |
| 锰（Mn，mg/d） | 4.0～12.0 | 22.0～53.0 | 30.0～58.0 | 16.0～69.0 | 18.0～75.0 |
| 锌（Zn，mg/d） | 5.0～20.0 | 33.0～81.0 | 36.0～88.0 | 40.0～93.0 | 55.0～100.0 |
| 碘（I，mg/d） | 0.1～0.4 | 0.3～1.7 | 0.9～1.8 | 1.0～1.9 | 1.0～2.0 |
| 钴（Co，mg/d） | 0.1～0.3 | 0.3～0.7 | 0.3～0.9 | 0.4～1.0 | 0.4～1.0 |
| 硒（Se，mg/d） | 0.1～0.3 | 0.4～0.9 | 0.5～1.0 | 0.5～1.0 | 0.6～1.5 |
| 维生素需要量 | | | | | |
| 维生素 A（VA，IU/d） | 2 000～6 000 | 6 600～14 500 | 6 600～12 000 | 6 800～12 500 | 6 200～22 500 |
| 维生素 D（VD，IU/d） | 50～1 200 | 1 200～2 600 | 900～2 000 | 1 200～2 400 | 1 100～4 500 |
| 维生素 E（VE，IU/d） | 30～60 | 60～160 | 90～210 | 120～210 | 160～270 |

## 二、全株玉米青贮饲料配制技术

### 1. 技术要求

（1）感官要求

①颜色接近原料本色或呈黄绿色，无黑褐色，无霉斑。

②气味为轻微醇香酸味，无刺激、腐臭等异味。

③茎叶结构清晰，质地疏松，无黏性，不结块，不干硬。

(2) 物理指标

①青贮切割整齐，无拉丝。

②玉米籽实破碎率≥90%。

③草料分析筛检测：上层筛占10%～15%、中层筛占65%～75%、下层筛占15%～30%。

(3) 质量分级

①营养指标分级　饲草营养分级按照《饲草营养品质评定GI法》(GB/T 23387) 进行评定。

②发酵指标分级　见表1-8。

**表1-8　发酵指标分级**

| 分级 | 等级 | | | | |
|---|---|---|---|---|---|
| | 特优级 | 优级 | 标准级 | 常规级 | 普通级 |
| 铵态氮/总氮 (%) | <5.0 | ≥5.0，<8.0 | ≥8.0，<10.0 | ≥10.0，<12.0 | ≥12.0，<15.0 |
| 乳酸 (%) | ≥6.0 | ≥5.0，<6.0 | ≥4.5，<5.0 | ≥4.0，<4.5 | ≥4.0，<4.5 |
| 丁酸 (%) | 0 | 0 | 0 | <0.1 | ≥0.1，<0.2 |

注：1. 乳酸、丁酸以其质量占干物质质量的百分比表示。
2. 按单项指标最低值所在等级定级。

③综合质量分级　全株玉米青贮综合质量分级以达到技术指标和物理指标要求为基准，然后同时评定营养指标与发酵指标，其中某一项指标所在的最低等级即为综合质量分级的等级，见表1-9。

**表1-9　综合质量分级**

| 分级 | 等级 | | | | |
|---|---|---|---|---|---|
| | 特优级 | 优级 | 标准级 | 常规级 | 普通级 |
| 干物质 (%) | ≥32，<38 | ≥32 | ≥30 | ≥28 | ≥28 |
| 淀粉 (%) | ≥35 | ≥32 | ≥30 | ≥28 | ≥26 |
| 酸性洗涤纤维 (%) | <25 | ≥25，<27 | ≥27，<30 | ≥30，<32 | ≥32，<35 |
| 中性洗涤纤维 (%) | ≤40 | >40，≤45 | >45，≤50 | >50，≤55 | ≥55 |
| NDF 30h 消化率 (%) | ≥60 | ≥55，<60 | ≥50，<55 | ≥45，<50 | <45 |

注：1. 中性洗涤纤维、酸性洗涤纤维、淀粉以其质量占干物质质量的百分比表示。
2. 按单项指标最低值所在等级定级。

（4）青贮添加剂　对使用的青贮添加剂做相应说明。标明添加剂的名称、数量等。添加剂须符合中华人民共和国农业部（现为农业农村部）公告第318号的相关规定。

**2. 测定方法**

（1）取样方法　玉米青贮饲料分析样品的取样，按照《饲草产品抽样技术规程》（NY/T 2129）的规定执行。

（2）试样制备　玉米青贮饲料化学指标分析样品制备，按照《动物饲料　试样的制备》（GB/T 20195）的规定执行。发酵品质指标分析样品的制备：取玉米青贮饲料试样20g，加入180mL蒸馏水，搅拌1min，用粗纱布和滤纸过滤，得到试样浸提液作为发酵品质指标分析样品。

（3）干物质含量　按照《饲料中水分的测定》（GB/T 6435）的规定执行。

（4）淀粉含量　按照《动物饲料中淀粉含量的测定　旋光法》（GB/T 20194）的规定执行。

（5）有机酸含量（乳酸、丁酸、乙酸）　液相色谱法测定青贮饲料有机酸含量，按照《动物饲料　试样的制备》（GB/T 20195）的规定执行。

（6）中性洗涤纤维含量　按照《饲料中中性洗涤纤维（NDF）的测定》（GB/T 20806）的规定执行。

（7）铵态氮含量　苯酚-次氯酸钠比色法测定铵态氮含量，按照《动物饲料　试样的制备》（GB/T 20195）的规定执行。

（8）酸性洗涤纤维含量　按照《饲料中酸性洗涤纤维的测定》（NY/T 1459）的规定执行。

（9）NDF 30h消化率　按照《饲料中酸性洗涤纤维的测定》（NY/T 1459）的规定执行。

（10）pH　将制备的玉米青贮饲料试样浸提液，参照《水果和蔬菜产品pH值的测定方法》（GB 10468）规定执行。

**3. 品质判定**

玉米青贮饲料样品的营养及感官指标均同时符合某等级要求时，则判定所代表的该批次产品为该等级；当有任意一项指标低于该等级指标时，则按单项指标最低值所在等级定级。

## 三、饲料品质控制技术

**1. 霉菌毒素的控制**

(1) 控制含水量　水分超标是造成饲料霉变的主要因素，当饲料中水分含量超过15%时可导致霉菌的大量生长繁殖，饲料水分含量17%～18%为真菌繁殖产毒的最适条件。因此，饲料生产中应注意控制饲料和原料的含水量。

(2) 贮藏条件　贮藏库房要求建造在地势高燥、通风阴凉处，并定期对其消毒打扫。饲料存放时，需放置于木板架上，使饲料底面保持干燥。另外要控制饲料加工过程中的水分和温度，饲料颗粒化时含水量一般会增加3%～5%，因此，饲料粉碎后应及时加工处理，减少霉菌生长的机会。

(3) 饲料防霉　目前饲料生产商使用较多的防霉剂是双乙酸钠、甲酸钙、二甲酸钾，其用法简单方便，造价低，效果好。此外，应用较多的还有山梨酸及其盐类。各种原料在储存之前可用液体防霉剂加以处理，饲料在加工过程中可用粉状防霉剂或液体产品处理，能够避免因饲料在运输管道等处残留而导致的污染。

**2. TMR配制注意事项**

(1) 合理分群　根据羊的生长阶段、生产性能和体况分组，相似类群的羊的营养需要量相同，按其配制的TMR营养水平和营养平衡性最接近肉羊的营养需要。

(2) 营养成分分析　及时测定TMR及其原料中各种营养成分的含量，并根据实测结果调整TMR配方，控制TMR的营养浓度和肉羊对饲料干物质的采食量。理想的TMR含水35%～45%，如高于50%，可能会影响羊对干物质的采食总量。

(3) 保障饲粮品质　饲喂前将饲料进行混合，现配现喂，配制的TMR夏秋季应在当日喂完，冬春季应在2d内喂完，确保TMR新鲜、安全。

(4) 过渡期的设置　在由放牧饲养或常规精粗分饲转为自由采食TMR

时，应选用一种过渡型日粮，避免由于采食过量而引起消化系统疾病和酸中毒。不得随意变换TMR配方，如需变换应有15d左右的过渡期，且尽量避开泌乳高峰期等敏感时期。

（5）控制断料时长　饲槽中不应长时间断料，如果由于某种原因而使饲槽空置了40h以上，重新添槽时应使第一次所用的饲料含有较多的粗饲料。

（6）确保营养平衡性　在配制TMR时，要保证所选用饲草料等原料的质量、配料时的计量准确性，以及混合机的混合均匀度，确保TMR的营养平衡性。

## 四、日常管理评估技术

**1. 饲喂管理要求**

（1）制定合理的分阶段饲养方案

1）保育羊饲养

①做好适时断奶　羔羊哺乳到45日龄，公羔体重达到13kg以上，母羔达到12kg以上，能够完全采食优质干草和精料补充料时符合断奶标准。

②做好分羊调群　断奶羔羊转入保育舍后每栏存放20只羔羊。公母分群，如在同一栋圈舍的公母要分到2个饲喂通道，避免串圈。按照同批断奶羔羊从大到小依次分群分栏饲喂，瘦弱羔羊应挑出单独饲喂、特殊照顾，单独选出1～2个羊圈放弱羔羊，弱羔羊按对应配方饲喂的时间应较同龄羔羊推迟10d以上。

③做好保健工作　羔羊断奶当天用中药健胃散或者健脾开胃散进行健胃，每只羔羊每天6g，连续饲喂5d。断奶转群时肌内注射盐酸头孢噻呋钠，按每千克体重2.2mg给药。断奶羔羊重点关注腹泻和肠炎，按免疫流程注射疫苗。断奶羔羊要完成1次驱虫，皮下注射伊维菌素，按每千克体重0.2mg给药。

④做好管理工作　断奶舍固定饲养员，人和羊要相互熟悉。晚上开灯使羔羊拥有安全感。合理通风换气，增强羔羊的免疫力。冬天及时给羊舍加温，保育舍温度不得低于15℃。每天饲喂前必须清扫食槽。保持圈舍清洁

卫生，减少疾病的产生。及时做到分羊调群，确保羊群的均匀度。

⑤做好饲喂工作　记录每次断奶羔羊的饲料投喂量，确保羔羊投料量的精准。羔羊消化道发育不全，采食频次比成年羊高，应准确规划投喂时间及投喂量。羔羊料饲喂到体重达 25kg 后更新为育成前期配方。羔羊精饲料粗蛋白不低于 20%。

2）育成羊饲养

①育成羊饲喂方案分前期和后期：前期体重为 20～40kg，后期为 40kg 以上直至出栏前。育成羊前期精饲料占 TMR 配方干物质的 60%以上，后期精饲料占 TMR 配方干物质的 75%以上。

②育成公羊采取直线育肥法。所谓直线育肥法就是羊只按照大小分群以后，开始加料，在不浪费的情况下给予充足饲料，日增重随采食量增加而增加。

3）妊娠期种母羊饲养

①妊娠 0～45d：此期按大、中、小、胖、瘦进行分群分栏饲养，每栏不超过 18 只。通常在该阶段母羊每只每天摄取草料 2.25kg，精料量控制在每只每天 0.3～0.5kg。

②妊娠 45～115d：在妊娠第 52 天和第 60 天各做一次孕检（生产区配合配种室做好第二次孕检），确认妊娠的母羊应继续留在生产区饲养，将空怀羊做好记录转回配种室继续配种；做完复检后进行第二次分羊调群，将明显消瘦怀羔多的母羊挑出单独加料补充营养。

③妊娠 115～150d：母羊需要足够的活动空间，在妊娠 120d 左右开始降密度，每栏存放母羊 12 只。这个时期是胎儿生长发育最为迅速的阶段，因此营养摄取水平要高于其他阶段的营养需求，精料添加量为每只每天 0.4～0.5kg。

4）集中育肥方案　肉羊集中育肥三步骤：第一步预饲期（8～15d），即育肥准备期。预饲期主要是使羊适应新的环境和适应新的饲料、饲养方式。第二步育肥前期（15～30d）。此期主要完成羊的健康检查、免疫、驱虫、健胃、剪毛和分群工作。第三步催肥期（30～40d），即强化催肥期。评估达到出栏状态及时出栏。

（2）其他要求

①泌乳母羊日粮应按照要求每天饲喂 3 次，育成羊每天饲喂 2～3 次。

②饲喂顺序一般为初产羊、高产羊、低产羊、干奶羊、育成羊。

③投喂日粮前，应将剩料推至羊舍的两端成堆，并将饲喂通道清扫干净，禁止将新料投到旧料上。

④TMR 饲料搅拌车进入舍内投料应保持速度小于 5km/h。

⑤投料应保证准确、均匀，没有空缺，尽量每区一车料。

⑥应保证羊能随时采食到日粮，应有专人负责推料，并不断重复此项工作；投料后 1h 开始推料，每 40min 推料 1 次。

⑦推料时应清除 TMR 中的杂物。

⑧应保证羊群给料足够，防止空槽，畜牧技术员应多次巡舍，了解饲喂情况。

⑨每个羊舍应具备充足的清洁饮水，水槽不可改作其他用途。

⑩羊舍及饲喂通道内操作的车辆禁止鸣笛、猛踩油门，车辆应缓慢行驶，防止羊群应激或撞伤羊只。

⑪补饲用盐，如钙、小苏打等应每次少量，勤添加，保证新鲜与卫生。

⑫饲喂通道应干燥、卫生、没有粪便，技术人员在舍内工作后，应保证鞋底干净，方可在饲喂通道走动。

**2. 饲喂管理评估**

（1）剩料管理与评估

①每日记录剩料量，剩料量不足表明羊群干物质采食量不足，应联系配料中心及时补充。

②清理剩料可用铲车装至 TMR 饲料搅拌车中，直接称出重量，便于计算干物质采食量及剩料率，铲车司机或记料员应做好记录，工作结束后，交给主管或畜牧技术员，做到信息互通。

③各群要求有 3%～5%的剩料率。

（2）采食量管理评估

①每日记录全天投喂量和剩料量，计算干物质采食量情况。

②平均每只羊干物质采食量＝（总饲喂量－剩料量）×日粮干物质

占比/羊只数。

（3）TMR 分级评估　各羊群每周应使用日粮草料分析筛进行至少 5 次 TMR 分级评估，测量羊群饲料数据。

（4）肉羊健康状态评估

①育成羊：每月对 6 月龄、12 月龄、第一次配种及产前 2 个月的羊进行体况评定。

②成年母羊：每月对干奶期、产羔前、泌乳 60d、泌乳 100d、干奶前的羊进行体况评定。

（5）粪便的评估

①粪便评分是用来帮助评估肉羊对日粮消化程度高低的工具，用于判断日粮的营养成分（蛋白、纤维和碳水化合物）是否平衡及饮水量是否合适。

②每月进行一次粪便评分，抽取羊群总量 1/3 的粪便进行评定。

③使用粪便评分标准进行评分。

（6）反刍的评估

①饲喂后 1～2h 未处于采食状态的肉羊约 50%处于反刍状态。

②每日反刍 7～9 次，每次约 1h，每天反刍时间 7～9h。

（7）营养代谢病发病率的评估

①营养代谢病发生的主要原因为产前干物质采食量低、能量负平衡及产后低血钙，与饲养管理有关。

②各营养代谢病发病率标准：胎衣不下＜5%；皱胃移位＜15%；产后瘫痪＜5%；酮病＜2%。

（8）TMR 营养成分检测

①养殖企业每月应将 TMR 按照采样要求送检。

②应建立不定期采集 TMR 样品抽检机制。

③每月至少对 TMR 做 1 次营养成分分析。

# 第二章 规模化肉羊养殖繁殖技术

本章介绍了肉羊种公羊繁殖性能检查、发情鉴定、发情期管理、配种、妊娠鉴定、围产期管理、生产管理技术要求。

## 一、种公羊繁殖性能检查技术

**1. 体检**

体检前从远处观察种公羊的体型和步态，排查跛行和其他先天性异常。将种公羊适当保定并进行全面体检，通过触诊确定公羊体况评分。繁殖季节前种公羊的5分制体况评分应介于2.5～3.5分。应注意排查皮肤病、眼病、脓肿、腐蹄病等影响种公羊运动能力或具有传染性的疾病。

**2. 布鲁氏菌筛查**

采集种公羊血液并进行布鲁氏菌的血清学筛查。所有阳性动物均应被淘汰。

**3. 生殖器检查**

（1）阴囊　对阴囊进行触诊，排查外伤、炎症和冻疮。将阴囊尺套在阴囊最宽的部位并拉紧直至尺缘的阴囊组织稍微凹陷，记录阴囊周径。阴囊周径与种公羊品种和年龄相关，成年公山羊的阴囊周径应大于25cm，成年公绵羊的阴囊周径应大于30cm。

（2）睾丸　正常睾丸应质地坚实、双侧对称并可在阴囊中自由移动。对睾丸进行触诊，排查睾丸退化、发育不良、隐睾、睾丸炎和阴囊疝。

（3）附睾　触诊位于阴囊腹侧的附睾尾，排查不对称性、疼痛和附睾炎。

（4）精索　触诊精索以排查肿胀和精索静脉曲张。

**4. 采精与精液检查**

（1）采精流程

1）假阴道采精法

①台畜的准备　发情母羊或假台畜皆可作为台畜以刺激公羊射精。若使用发情母羊，采精前需对母羊臀部与外阴部进行清洗和消毒，并对母羊进行恰当保定；若使用假台畜，应提前训练公羊。

②种公羊的准备　采精前首先应对公羊的阴茎包皮和龟头进行清洗和消毒。

③假阴道的准备　假阴道应提前清洗并消毒。采精前，向假阴道中注入45～50℃的温水，在假阴道的阴茎插入侧涂抹润滑剂，并在另一侧安装集精杯。应注意假阴道系统的保温，确保采精温度为40～45℃。

④采精　将种公羊引至台畜附近，待其做出爬跨行为时迅速将种公羊阴茎套入假阴道内，射精结束后将集精杯取下，保温于37℃并及时送检。

2）电刺激采精法　若条件设施不允许进行假阴道采精法，可进行电刺激采精法。将种公羊恰当保定，向电刺激采精器涂抹润滑剂并将采精器插入种公羊直肠。首先施加4～8s的弱电流，然后通过移动探头对精囊进行按摩，重复数次直至阴茎伸展并射精。采精后应注意尽量将精液保温于37℃。

（2）精液检查

①精液体积　对于假阴道法采集的精液，体积应大于0.5mL。电刺激采精法获取的精液体积差异性较大，通常不做评估。

②精子浓度　对于假阴道法采集的精液，精子浓度应为每毫升20亿～50亿个。电刺激采精法获取的精液浓度差异性较大，通常不做评估。

③精子活力　在高倍镜下观察并对精子运动情况进行计数统计，共计100个精子，前向运动精子应至少占全部精子数的70%（山羊）或30%（绵羊）。

④精子形态　在高倍镜下观察并对精子形态进行计数统计，共计100个精子，正常形态精子应至少占全部精子数的80%（山羊）或70%（绵羊）。

## 二、发情鉴定技术

**1. 种公羊发情鉴定**

发情种公羊会对母羊表现出求偶行为，具体包括用前肢踢母羊，用鼻拱母羊，发出呼噜声，嗅母羊阴门与尿液，并对母羊尿液做出性嗅反射（指公羊卷起上唇，通过犁鼻器探测空气中性信息素的行为）。此外，爬跨行为和交配行为也是公羊处于发情期的表现。

**2. 母羊发情鉴定**

发情母羊通常表现烦躁不安，食欲减退，接近公羊并站立不动，摇尾，用鼻拱公羊，外阴肿胀、流出黏液。利用试情公羊可提高母羊发情鉴定的准确率。

## 三、发情期管理技术

**1. 光刺激**

羊为短日照发情动物，北半球自然条件下发情季节为秋冬两季。若生产需要在春夏配种，可在当年1月起每日给予20h光照时间，持续60d以模拟长日照条件，随后给予母羊6～8周自然光照，引入公羊，在当年5月前后引导母羊发情。

**2. 引入公羊**

在母羊间情期（4—5月）将母羊与公羊进行严格隔离，随后在间情过渡期（6—7月）引入公羊可引导母羊发情。母山羊通常在引入公羊后5～10d发情，母绵羊通常在引入公羊后15～20d发情。

**3. 催情补饲**

对于体况偏瘦（5分制得分小于3分）的母羊，在繁殖季节前2～3周增加饲喂量可促进母羊排卵。

**4. 同期发情**

（1）*孕激素法*　向母羊阴道内插入孕酮阴道栓（CIDR），留置10～14d后取出，母羊通常在取出CIDR后24～48h发情。取出CIDR时可注射孕马血清促性腺激素（PMSG）与人绒毛膜促性腺激素（hCG）以促进母羊排卵。在取出 CIDR 24h 后引入公羊可进一步提高发情同步化。

（2）前列腺素法　使用前列腺素 2α（$PGF_{2\alpha}$）裂解大于 4d 的黄体，该法仅在繁殖季节有效。单剂注射 $PGF_{2\alpha}$ 有 60%～70%的概率诱导母羊在 30～60h 内排卵。首次注射 $PGF_{2\alpha}$ 后 9～11d 重复注射可提高排卵率至 100%。

## 四、配种技术

**1. 自然交配**

将通过繁殖性能检查的种公羊引入母羊群，持续时间约为 2 个月。青年种公羊可配 15～25 只母羊，成年种公羊可配 30 只母羊。

**2. 人工辅助交配**

（1）加强营养　试情公羊应加强营养：由于试情公羊工作时间较长，要安排好饲草，防止工作完毕时没有饲草料。

（2）合理安排强度　合理安排试情强度，防止试情公羊过于疲惫，对于试情公羊要定期进行排精，以保证其旺盛的性欲（每周 2～3 次，可根据公羊情况自行调整）。

（3）辨别发情母羊　要协助试情公羊准确判断出发情母羊，避免漏掉发情母羊，同时将未发情母羊挑出，避免其影响配种效果。合理安排试情时间，尽可能在固定时间进行试情。

（4）及时合群　对于待配母羊要及时进行合群，及时调整空怀母羊的分布，提高工作效率。

**3. 人工授精**

（1）采精　参考前文“种公羊繁殖性能检查技术”中介绍的采精流程。

（2）输精前准备　对于未经冷冻的精液，最佳输精时间为母羊发情后的 12～18h。输精前需对母羊恰当保定，并对外阴进行清洗和消毒。

（3）经宫颈输精和宫颈输精　利用扩阴器和阴道镜确定宫颈位置，将输精枪末端连接的细管插入宫颈中。若细管穿过宫颈进入宫体，称为经宫颈输精；若细管末端停留在子宫颈，称为宫颈输精。经宫颈输精的受胎率为

50%～80%。由于绵羊的子宫较长、曲折且坚硬，细管通常无法通过宫颈，宫颈输精的受胎率为35%～50%。操作扩阴器和阴道镜时应注意避免对阴道造成损伤。

(4) 阴道输精　利用输精枪直接向母羊阴道内注射1～2mL精液，无需使用扩阴器，受胎率为15%～30%。

(5) 腹腔镜子宫内输精　术前12h对母羊禁食禁水。将母羊镇静，以仰卧姿势保定于托架，对距离腹中线6cm和乳房前方4cm的左右两个区域进行消毒，并注射局麻药物。利用托架将母羊尾侧抬高45°，在前述两个部位分别插入套管针与套管，通过一个套管向腹腔内注入二氧化碳气体，通过另一个套管导入腹腔镜，确认子宫角位置，并通过输精枪向子宫角内注入精液。对于经验丰富的术者，腹腔镜辅助输精的受胎率可达90%。

## 五、妊娠鉴定技术

**1. 外部观察法**

妊娠母羊停止发情，食欲增大，毛色光亮，性情温顺。妊娠中后期腹围增大，腹壁一侧突出。

**2. 超声检查**

母羊妊娠20d后的胚胎可使用直肠超声诊断，妊娠30d后可通过腹部超声诊断。进行腹部超声检查时，将探头置于母羊两侧肋腹毛发最为稀疏的部位，探头朝上朝前，对准对侧最后一根肋骨。

## 六、围产期管理技术

**1. 营养**

参见第一章妊娠和泌乳母羊营养需要量。

**2. 引产**

(1) 妊娠绵羊

①对于妊娠小于50d的绵羊，可肌内注射10～15mg前列腺素溶解黄体

终止妊娠。对于妊娠50d后的绵羊，由于胎盘开始分泌大量孕酮，前列腺素类药物通常无法成功引产，在此情况下可采用多次肌内注射2～5mg地塞米松进行引产。

②对于妊娠时长大于142d的绵羊，可单次肌内注射15～20mg地塞米松进行引产，引产时间为注射后36～48h。

（2）*妊娠山羊*　对于妊娠山羊，由于黄体为分泌孕酮的主要结构，妊娠期内可单次肌内注射5～10mg前列腺素溶解黄体进行引产，引产时间为注射后36～48h。若因妊娠毒血症引产，在注射前列腺素6～12h前肌内注射10～20mg地塞米松。

**3. 难产**

（1）*症状*　母羊长时间努责，后躯下坐，烦躁不安，无法产出胎儿。发现母羊难产后应及时联系兽医进行诊断与治疗。

（2）*病因*　胎位/胎向/胎势不正、胎儿过大、宫口不开、子宫扭转、宫缩乏力等

（3）*人工助产*　保定母羊并对外阴进行清洗消毒。佩戴无菌袖套并进行阴道触诊，确认胎位、胎向与胎势和宫口的开放程度。用大量润滑剂润滑手臂，改正胎位/胎向/胎势，可通过套索对胎儿四肢或头部施加向外的拉力。人工助产失败时可进行剖宫产取出胎儿。

（4）*药物治疗*　助产后应在兽医指导下向母羊注射抗生素（头孢噻呋、青霉素、土霉素等）、催产素，并补打破伤风疫苗。

**4. 流产**

（1）*流产率*　羊群的流产率（流产母羊占全部妊娠母羊的比例）在5%以下为正常。若流产率高于5%或羊群中短时间出现急性暴发性流产，需及时联系兽医对羊群进行检查，并对死胎进行剖检、采样和送检。

（2）*流产的诊疗*

①传染性流产　传染性流产病原包括布鲁氏菌、衣原体、Q热立克次氏体、弯曲杆菌、刚地弓形虫、边界病病毒、蓝舌病毒、口蹄疫病毒等，兽医应对死胎和胎盘组织进行采样送检，通过细菌培养、聚合酶链式反应（PCR）等实验室检验手段分离病原并确诊，确诊后应将病畜及时隔离处理。

②非传染性流产　非传染性流产的病因包括中毒、母羊营养不良、妊娠毒血症、应激等，兽医应对羊群饲养模式、饲料成分进行调查，确认流产病因。

## 七、生产管理技术

**1. 生产水平要求**

①繁殖成活率90%以上或断奶成活率95%以上。

②农区商品育肥羊年出栏率180%以上。

**2. 技术水平要求**

采用人工授精技术，提高优良种公羊的利用率，保存优秀种公羊的精液以充分发挥优良品种的育种价值。

同一时间可以对多只母羊同时配种，便于早期对后备公羊进行后裔鉴定。节省种公羊引进和饲养管理的费用，降低成本，提高经济效益。

**3. 制定科学的配种方案**

针对不同的养殖规模确定不同的配种方案。

# 第三章 规模化肉羊养殖疾病防治技术

本章介绍了规模化肉羊养殖的免疫、寄生虫防治、细菌性肺炎防治、羔羊腹泻防治、梭菌病防治、妊娠毒血症防治、乳腺炎防治、腐蹄病防治、布鲁氏菌病防治、羊口疮防治的技术要求。

## 一、规模化肉羊养殖免疫技术

**1. 免疫疫病种类**

规模化肉羊养殖场应免疫的疫病主要有口蹄疫、炭疽、布鲁氏菌病、羊快疫、羊猝狙、羊肠毒血症、羔羊痢疾、羊支原体肺炎、山羊痘、羊口疮、羊狂犬病等。

**2. 免疫方法**

（1）肌内注射　将疫苗通过注射器注入肌肉组织。

（2）皮下注射　将疫苗通过注射器注入皮下组织。

（3）皮内注射　将疫苗通过注射器注入表皮下、真皮层以上的位置。

（4）口服接种　将疫苗通过口服的方式接种。

**3. 免疫流程**

应根据实际情况合理选择免疫程序。

（1）口蹄疫　颈部肌内注射口蹄疫二价灭活疫苗，每年春、秋季各免疫一次，免疫期6个月。

（2）布鲁氏菌病　口服接种布鲁氏菌活疫苗，免疫期36个月。

（3）山羊痘　尾根内侧或股内侧皮内注射山羊痘弱毒苗，每年春季免疫一次，免疫期12个月。

（4）羊快疫、羊猝狙、羊肠毒血症、羔羊痢疾　肌内或皮下注射梭菌病三联四防干粉灭活疫苗，每年春季或秋季免疫一次，免疫期12个月。

（5）羊传染性支原体肺炎　皮下或肌内注射，每年春季免疫一次，免疫期12个月。

（6）羊链球菌病　皮下注射败血性链球菌病灭活疫苗，每年春、秋季各免疫一次，免疫期6个月。

（7）羊口疮　股内侧或颈部皮下注射羊口疮弱毒苗，每年春、秋季各免疫一次，免疫期6个月。

（8）小反刍兽疫　颈部皮下注射小反刍兽疫活疫苗，免疫期36个月。

## 二、规模化肉羊养殖寄生虫防治技术

### 1. 寄生虫常规检测

（1）粪便检查

①蠕虫虫体检测　在羊体内寄生的一些蠕虫，常以孕卵节片、完整或不完整的虫体随粪便排出体外，应用粪便检查法，可用肉眼或借助于显微镜观察到虫体。

②虫卵检测　将粪便直接涂片或采用集卵法，借助显微镜观察寄生虫虫卵。

（2）血液内原虫检测　对血液内原虫（泰勒虫、巴贝斯虫等）的检测。

（3）体表寄生虫检测　主要检测的虫体包括疥螨、痒螨、羊鼻蝇、虱、蜱等。

### 2. 监测及治疗方法

（1）蠕虫病

①监测时间　一年监测2次，分别在春、秋季两次驱虫后10～15d内进行。

②监测方法　采用粪便检查孕卵节片、幼虫和虫卵的方法。对淘汰屠宰羊可采用全身性蠕虫学剖检法。屠宰后，采集羊肠道内容物检查虫体（虫卵）。

③驱治方法　使用高效驱虫药进行全群驱虫，一年三次。第一次在春季由舍饲转为放牧前进行（4—5月），第二次在开始放牧三个月后进行（7—8月），第三次在秋冬季10—11月（由放牧转为舍饲前）进行。

（2）球虫病

①监测时间　在春、夏、秋潮湿季节进行监测。

②监测方法　应用饱和盐水漂浮法检查新鲜羊粪中是否存在大量球虫卵囊，结合剖检发现的典型病变（包括在小肠黏膜上出现淡白、黄色，如粟粒到豌豆大小，圆形或卵圆形结节，有时在回肠和结肠有许多白色结节病变等），做出诊断。

③驱治方法　保持羊舍干燥，舍内通风良好，及时清除粪便，定期对圈舍进行消毒，大小羊应分圈饲养，合理安排放牧时间，定期对羊只进行粪检，使用高效抗球虫药进行驱虫。

（3）螨虫病

①监测时间　在每年春、秋螨虫高发季节进行。

②监测方法　根据临床症状，刮取病变部位皮屑，用皮屑溶解法处理后在显微镜下检查。

③驱治方法　发现病羊后要及时隔离治疗，根据发病情况，可选择药浴、药淋、口服或注射给药，至少用药两次，用药间隔7～8d。

（4）蜱虫病

①监测时间　在每年3—9月蜱虫流行季节进行。

②监测方法　根据临床症状，现场采集虫体在电解剖镜下检查。

③驱治方法　若选用长效驱虫制剂，全群于3月、5月、7月、9月各驱虫一次；若选用体外杀虫药，在流行季节，全群每隔1～2周驱虫一次。每日清理粪便，并对粪便进行发酵处理。

**3. 寄生虫防控措施**

（1）药物（免疫）防控　在规模化羊场内组织驱虫、杀虫工作时应预先做小群药效及药物安全性试验，确保安全与技术熟练后再全面开展。选择安全、广谱、高效、价廉、使用方便、适口性好的驱虫药物，为避免耐药性的产生，使用时应严格注意使用频次及用药量，并根据不同药物的休药期要求制定合理用药方案，防止药物在羊副产品中残留进而危害人类健康。

①基础羊群、种羊寄生虫病防控　每年至少驱虫两次，通常在3月和10月进行。体外寄生虫防治可于春秋季节各药浴一次，减少寄生虫繁殖量。针对个别症状严重的病羊应当单独隔离治疗，避免疾病扩散。寄生虫病严重的羊场或地区，可于5—6月加强投药。

②羔羊寄生虫病防控　在羔羊断奶时选用伊维菌素、阿苯达唑驱除线虫；舍饲羔羊球虫病严重场可使用磺胺二甲嘧啶、地克珠利、莫能菌素缓解症状，还可使用氨丙啉按每千克体重20～25mg口服进行治疗。

③育肥羊寄生虫病防控　育肥开始时用伊维菌素、阿苯达唑进行全群驱虫。育肥期间按照基础羊群寄生虫病防控进行全群驱虫。

④母羊寄生虫病防控　母羊怀孕后不宜驱虫以防流产，应于配种前使用阿苯达唑或伊维菌素驱虫，必要时产前一个月可再次用伊维菌素驱虫。

⑤多雨年份或肝片吸虫病严重羊群防控　每年分阶段性给药以减少动物体内虫卵数量，新到场羊群可在入场时进行治疗，并在保证用药安全的前提下，在8周后重复治疗。常用药物包括硫双二氯酚、吡喹酮等。

⑥剪毛后的防控　剪毛后一周使用杀灭菊酯或辛硫磷等杀虫药喷淋或药浴，或用伊维菌素防治蜱、螨、虱等外寄生虫病。

⑦其他寄生虫病防控

羊棘球蚴（包虫）病流行区：可使用阿维菌素、阿苯达唑、吡喹酮等进行防治，或使用羊棘球蚴（包虫）病基因工程亚单位疫苗进行免疫预防。

巴贝斯虫病、泰勒虫病流行区：每年夏季于4—5月进行杀虫药的喷淋或药浴，发现病羊时可使用贝尼尔、多西环素等进行治疗。

螨虫病流行区：使用皮下注射伊维菌素、内服阿苯达唑法联合驱虫，或采用伊维菌素和阿苯达唑混合药物内服驱虫。天气晴朗时可用伊维菌素、敌百虫及双甲脒等药物药浴驱虫。

羊鼻蝇蛆病流行区：每年于4—5月进行药浴或喷淋杀虫药以杀灭羊鼻蝇成虫和幼虫。对于病羊应皮下注射或背部喷淋伊维菌素以杀灭羊鼻蝇幼虫。

前后盘吸虫病流行区：使用氯硝柳胺、硫双二氯酚进行驱虫。

弓形虫病流行区：使用磺胺类药物治疗，羊场禁止养猫。

（2）检测与监测　对规模化羊场应进行有针对性的驱虫，可选用日增重或粪便中虫卵数等特征性数值作为驱虫治疗的指标，对寄生虫感染情况进行检测与监测，进而选择适宜的抗寄生虫药物进行靶向驱虫，在保障羊副产品安全的同时减少抗寄生虫药物的使用。

（3）其他防控措施　应当保持圈舍空气流通、光照充足、干燥，定期对圈舍及周围环境进行消毒，消毒与投药、药浴同步进行。在寄生虫病高发的春、冬季，可每半月一次。在夏季蝇类活动盛季，可使用防蝇剂进行预防。应注意合理处理投服驱虫药后7d内羊排出的粪便，应深埋或堆积发酵无害化处理。应注意杀灭环境中各发育阶段的虫体、虫卵、幼虫、卵囊、传播媒介等，防止病原散播。严禁将未经处理的病尸、废弃物随意丢弃。

（4）防控要求

①人员要求　实施防控的技术人员要经过相关的技术培训，严格执行操作规程，做好人畜防护安全工作。

②设施、设备要求　药浴池要防渗漏，应建在地势较低处，并远离人畜饮水水源。药浴、药淋设备应按操作要求使用。驱虫前、药浴前、药淋前要求先进行小群试验，确认安全后方可大群驱虫、药浴或药淋。

③药物使用要求　药物配制、使用剂量和使用方法要严格按照使用说明书进行。休药期应严格按照说明书执行，对未规定休药期的药物，休药期应不少于28d。

（5）废弃物无害化处理

①粪便处理　圈舍内粪便要及时清除，粪便集中堆积发酵处理，利用生物热杀灭各种寄生虫和虫卵。

②病羊尸体　病羊尸体及废弃物按《病死及病害动物无害化处理技术规范》规定执行，严禁将未经处理的病羊尸体、废弃物直接喂犬或随地抛弃。

## 三、规模化肉羊养殖细菌性肺炎防治技术

**1. 病原**

主要由多杀性巴氏杆菌和溶血性曼氏杆菌引起，两者均为羊上呼吸道的

共生细菌，可单独或与其他微生物联合引起细菌性肺炎。溶血性曼氏杆菌可引起急性出血性纤维素性坏死性肺炎，而多杀性巴氏杆菌则多与症状较轻的纤维素性肺炎相关。

**2. 常见病因**

（1）环境　羊舍卫生条件差，过度拥挤，通风不良以及环境温度变化大，湿度高等情况易引发细菌性肺炎。

（2）应激　运输、断奶、饮食改变以及其他疾病等引起的免疫力下降。

（3）管理　未给新生羔羊正确喂食初乳。

**3. 流行特点**

可见于所有年龄段的肉羊，多发于羔羊，尤其在断奶后的羔羊中最为常见。

**4. 临床症状**

通常表现为发热、精神沉郁、呼吸频率加快、有浆液性至脓性鼻分泌物和湿咳等症状。部分病例可能有眼球凹陷，皮肤回弹时间延长等脱水表现。在疾病晚期，病羊口腔周围可能存在泡沫状液体。

**5. 诊断**

使用气管拭子或支气管肺泡灌洗采样进行细菌培养，也可取病死肉羊的肺组织进行细菌培养。

**6. 防治**

（1）预防措施

①疫苗接种　繁殖母羊接种两次含铁调节蛋白的巴氏杆菌疫苗，每次间隔 4～6 周，并在母羊生产前 4～6 周进行一次加强注射。在新生羔羊 10 日龄后，对羔羊进行两次该疫苗的注射。

②饲养管理　定期对羊舍以及养殖器具进行清洁及消毒，保证羊圈饲养密度合理并通风良好，控制羊舍温度及湿度适宜，保证新生羊羔能够正常摄入初乳。

③规范引种　新引入的肉羊应隔离观察至少 45d 后再进行混群饲养。

（2）治疗方法

①抗菌药物　对患病羊的气管拭子、支气管肺泡灌洗液或肺组织样本进

行细菌培养及药敏实验，根据实验结果选择合适的抗菌药物。常用治疗方法包括土霉素每千克体重10mg每24h肌内注射或静脉注射一次（非长效），或每千克体重20mg单次肌内注射，或静脉注射（长效）；氟苯尼考每千克体重20mg每48h肌内注射一次，或40mg单次皮下注射；头孢噻呋每千克体重2.2mg每24h肌内注射一次，持续3～5d；泰乐菌素每千克体重10～20mg每12～24h肌内注射一次。

②非甾体消炎药　可使用氟尼辛葡甲胺、美洛昔康、酮洛芬等非甾体消炎药缓解炎症症状。

③支持性治疗　对脱水及状态不良的病羊，可根据情况提供营养和进行输液治疗。

## 四、规模化肉羊养殖羔羊腹泻防治技术

**1. 病因**

腹泻是新生羔羊最常见的疾病之一，可对规模化养殖造成严重的经济损失。羔羊腹泻通常与多种因素有关，包括羔羊免疫力、营养状况、环境条件、传染病与管理方式等。

（1）饲养管理　出生后的羔羊由于未能及时摄入初乳或由于初乳质量较差所导致的羔羊生长性能差，免疫力低下，羔羊生长状态差，且饥饿的羔羊舔食环境污物易导致营养不良性腹泻。此外，由于羔羊消化系统发育不完善，过早饲喂饲料、断奶期突然换料或饮用温度过低的水极易刺激胃肠道造成腹泻。此外，羔羊吃了患有乳腺炎的变质母乳也会引起腹泻。

（2）环境卫生　羔羊出生、生长环境较为恶劣，如潮湿、粪污堆积、温度过低、通风较差、防疫消毒措施不严格时，羔羊出生后，病原微生物能够通过脐带、母羊乳头、母羊体表及羔羊舔食杂物等途径侵入机体内部，影响羔羊的正常吸收功能，造成羔羊生长发育缓慢，体质较弱，从而导致羔羊腹泻病的发生。

（3）应激反应　羔羊从出生到出栏或育成期需经过分群、断奶、防疫、驱虫等一系列操作，不规范的操作可能对羔羊造成应激，易患应激性或传染

性腹泻，严重者甚至大量死亡。此外，羔羊的适应能力差，难以抵御风雪严寒，气候骤变，如棚圈保温设施差、圈舍阴冷潮湿等，极易造成羔羊应激性腹泻。恶劣的天气条件也是引起羔羊发生应激的因素，增加了腹泻的易感性。

（4）自身消化　羔羊采食量较大时，消化道无法完全消化吸收，刺激肠道蠕动并吸收水分，排出稀便。

（5）病原感染

①细菌和病毒　在出生后的第一个月，引起羔羊腹泻的主要病原有产肠毒素大肠杆菌、轮状病毒、产气荚膜梭菌和沙门氏菌等。羔羊腹泻时也可能由多种细菌、病毒混合感染，这类腹泻往往比较严重，对羊群的危害也比较大。

②寄生虫　寄生虫不仅会对肠黏膜造成破坏，还会产生和释放毒素，如绦虫、线虫、球虫、隐孢子虫等寄生虫感染会导致羊肠道的消化能力大幅下降，虫体和毒素还会刺激肠道蠕动，使羔羊出现腹泻。

**2. 临床症状**

患病羔羊精神沉郁、厌食、脱水、消瘦，排粪呈里急后重，后期肛门失禁、努责、腹痛、尿短、摇尾不定。其粪便恶臭，一般呈半液体状，往往混有未消化的饲料残留、气泡或浓稠黏液。

**3. 诊断**

可根据腹泻羔羊的年龄、临床症状、既往病史及羊群中腹泻的流行情况等初步判断腹泻是否为传染性。

实验室诊断和组织病理学检查是确诊传染性腹泻病原的关键。常用的诊断技术包括 PCR、ELISA、荧光抗体技术等分子生物学检测方法、组织病理学检查和电镜检查。对于怀疑寄生虫感染的病例，可进行粪便漂浮试验和显微镜检查。细菌培养试验和细菌毒素鉴定可用于怀疑细菌感染的病例。采样通常需要 2～3g 新鲜粪便，或剖检时采集新鲜肠道样本用于细菌学和组织病理学检查。需要注意的是，剖检样本的诊断价值随着死亡时间的延长而降低，特征性病变特点可因自溶作用而在几分钟内消失，所以应第一时间对病死或安乐死的羔羊进行剖检。

**4. 防治**

（1）*预防措施*

①强化饲养管理　养殖人员应根据母羊的营养情况对羊群进行科学卫生饲喂，加强临产母羊的护理工作，保证母羊充分哺乳，提高羔羊抵御外界致病微生物侵害的能力。

健全卫生消毒措施，应做好产犊区域产前、产中、产后圈舍和母羊体表的消毒工作。接产时注意卫生，保持产羔、育羔环境和用具的清洁卫生。刚出生的羔羊应注射破伤风类毒素。产房应干燥清洁，并有防寒保暖设施。对病羔应及时隔离，加强护理。在处理含有隐孢子虫或贾第虫的污、废物时应注意避免污染水源。

②疫苗接种　在母羊产前、产后及时接种疫苗，根据羔羊易患疫病的流行情况制定疫苗接种计划，保证羔羊能摄入足量的母源抗体，待其免疫系统发育完善后接种疫苗以获得相应抗体，能有效降低由病原感染引起的腹泻。

（2）*治疗方法*　羔羊腹泻的治疗原则是清理肠胃、保护黏膜、防中毒和防脱水。可采用补液、服用抗生素等措施。应优化羔羊养殖流程，去除导致羔羊腹泻的病因，同时对羔羊进行止泻治疗，防止继发感染。

针对特定病原的腹泻有特定的治疗方法，但通常情况下羔羊均需要纠正脱水和代谢性酸中毒。对于轻度腹泻的动物，特别是轻度营养性腹泻，无脱水状况产生时不需要治疗，可自行痊愈。若羔羊脱水率低于8%、轻度精神沉郁但仍有进食意向可饲喂口服电解质。若羔羊因太虚弱而无法站立，则需静脉输液，应给予含电解质的等渗液体以补充体液。

羔羊腹泻在涉及肠毒血症时可以使用非甾体消炎药，抗生素只可应用于经证实的沙门氏菌等细菌感染或对补液疗法、非甾体消炎药无效的其他原因导致的腹泻。可以适当使用益生菌以重建消化道菌群。

## 五、规模化肉羊养殖梭菌病防治技术

**1. 病原**

梭菌是厌氧性细菌，有60余种，常见的致病性菌有10余种，多存在于土壤、污水以及人和各种动物的粪便中。革兰氏染色为阳性，除少数菌种外，都有鞭毛，能运动和形成芽孢，其直径大于菌体。

**2. 流行特点**

（1）羊快疫　营养中等、6～8 月龄的绵羊易感。

（2）羊猝狙　成年绵羊，尤其 1～2 岁羊多发。多发于春、冬季节。

（3）羊肠毒血症　多发于收获季节，在菜根菜叶或庄稼等收割后羊群抢茬采食了大量谷类之后。

（4）羊黑疫　2～4 岁营养良好肥胖的绵羊最多发。主要在春夏季发生于肝片吸虫流行的潮湿地区。

（5）羔羊痢疾　主要危害 7 日龄以内的羔羊，尤其 2～3 日龄的发病最多。母羊怀孕期营养不良，羔羊体质瘦弱；气候寒冷，羔羊受冻；哺乳不当，羔羊过饥、过饱均为此病发生的不良诱因。

**3. 临床症状**

（1）羊快疫　病羊多无临床症状，突然死亡。病程稍缓者，表现为不愿行走、运动失调、腹痛、腹泻，磨牙抽搐，最后衰弱昏迷，口流带血泡沫，多于数小时内死亡。

（2）羊猝狙　病程短促，常未出现临床症状即突然死亡。有时发现病羊掉群、卧地、表现不安、衰弱、痉挛、眼球突出，在数小时内死亡。

（3）羊肠毒血症　病程短促，常见突然死亡。绵羊通常表现神经症状，包括沉郁、共济失调、震颤、四肢僵硬、角弓反张、抽搐、口吐白沫和迅速死亡。山羊临床症状相对局限于胃肠道，以肠炎、腹痛、腹泻、脱水为主，偶尔也见神经症状。

（4）羊黑疫　羊黑疫病程十分急促，多数羊未出现临床症状突然死亡。少数病程稍长者，可拖延 1～2d，表现掉群、不食、呼吸困难，体温 41.5℃左右，常昏睡俯卧而死。

（5）羔羊痢疾　病初精神萎靡，低头弓背，不想吃奶。之后发生腹泻，粪便恶臭，有的稠如面糊，有的稀薄如水，后期甚至为血便。病羔逐渐虚弱，卧地不起，若不及时治疗，多在 1～2d 内死亡；有的病羔，腹胀而不下痢，或只排少量带血稀粪。主要表现神经症状，四肢瘫软，卧地不起，呼吸急促，口流白沫，最后昏迷，头向后仰，体温降至常温以下。常在数小时到十几小时内死亡。

**4. 诊断**

（1）羊快疫

①剖检　尸体迅速腐败臌胀；胃底部及幽门附近的黏膜常有大小不等的出血斑块，其表面发生坏死，出血坏死区部位塌陷，黏膜下组织水肿；胸腔、腹腔、心包有大量积液，暴露于空气容易凝固；心内膜、心外膜下有许多点状出血；肠道和肺脏的浆膜出血；肠内容物中有许多小气泡。

②实验室诊断　肝被膜做触片染色镜检，可发现革兰氏阳性、两端钝圆、呈短链单在的无关节长丝状的病原菌。

（2）羊猝狙

①剖检　十二指肠和空肠黏膜严重充血、糜烂，有的区段可见大小不等的溃疡；胸腔、腹腔和心包大量积液，后者暴露于空气后，可形成纤维素絮块；病羊刚死时骨骼肌表现正常，但在死后8h内，肌间隔积聚血样液体，肌肉出血，有气性裂孔。

②实验室诊断　取肠道内容物，从其中分离出微生物经血琼脂培养基厌氧培养48～72h后，镜检可见大量革兰氏阳性短杆菌；分离菌在卵黄琼脂培养基上形成光滑、圆形、有光泽的菌落，周围有双重溶血圈；生化鉴定中对硝酸盐、葡萄糖、亚硫酸氢盐呈阳性反应，即可确诊。

（3）羊肠毒血症

①剖检　典型的病理剖检变化包括脑、肺和心脏水肿，心包积水，偶尔可能出现肾水肿（“软肾病”）。绵羊出现肠炎的可能性较山羊低，且通常病变较轻。对于山羊，典型病变为假膜性小肠结肠炎，肠黏膜常出现溃疡，肠腔内存在纤维蛋白、血凝块和水样内容物。重症病例可能出现毒血症症状，包括多处出血点、肺水肿、腹腔和胸腔积液等。

②实验室诊断　用肠道内容物、肾脏或淋巴结做抹片，染色镜检可发现大量有荚膜的革兰氏阳性大杆菌；用小肠内容物滤液接种小鼠进行毒素检查和中和试验，可检测到D型产气荚膜梭菌毒素。

（4）羊黑疫

①剖检　肝脏充血肿胀，表面有凝固性坏死灶，坏死灶界限清晰，呈灰黄色不整齐圆形，周围常有鲜红色的充血带环绕；皮下静脉显著充血，皮肤呈暗黑色外观，胸部皮下组织水肿；浆膜腔有黄色液体渗出，暴露于空气易凝固；胸腹腔和心包腔积液，略带血色，左心室心内膜出血；皱胃幽门部和小肠充血、出血。

②实验室诊断　取肝脏坏死灶边缘组织做无菌涂片，染色镜检，可见革兰氏阳性巨大杆菌。无菌采集病死羊坏死灶组织，进行厌氧细菌培养或通过PCR、ELISA等分子生物学检查确诊。

（5）羔羊痢疾

①剖检　尸体严重脱水；皱胃内有未消化的乳凝块；小肠（特别是回肠）黏膜充血发红，有溃疡灶，溃疡灶周围有出血带环绕；肠内容物多呈血色；肠系膜淋巴结肿胀充血，间或出血；心包积液，心内膜有时有出血点；肺常有充血区域或瘀斑。

②实验室诊断　取肠道内容物，从其中分离出微生物经血琼脂培养基厌氧培养48～72h后，镜检可见大量革兰氏阳性短杆菌；分离菌在卵黄琼脂培养基上形成光滑、圆形、有光泽的菌落，周围有双重溶血圈；生化鉴定中对硝酸盐、葡萄糖、亚硫酸氢盐为阳性，即可确诊。或将新鲜肠内容物用等量生理盐水稀释，经离心沉淀取上清液，与一份胰蛋白酶处理后经肉汤培养的内容物同时使用含有青霉素和链霉素的药液过滤后，向小鼠尾静脉注射0.3mL，若小鼠在10h内死亡即可确诊。若小鼠在5min内死亡，则可能为操作不当导致的休克。

**5. 防治**

（1）预防措施　羊养殖场梭菌病发生、流行时，应立即转舍，控制细菌进一步感染。发病时，应将病羊及时隔离，可通过焚烧尸体或生石灰掩埋有效阻断传染源。疫区应提前接种疫苗进行预防，使用明矾沉淀的类毒素或疫苗，分两剂注射，第二次注射应在母羊分娩前两周进行，并在每次分娩前进行一次加强注射。未接种疫苗的母羊生产的羔羊应在出生时接种β-抗毒素；接种疫苗的母羊，通过被动免疫保护新生羔羊，应保证羔羊出生后能够及时摄入初乳。

（2）治疗方法

①本类疾病发病骤急，病程短促，往往来不及治疗便突然死亡。病程长者，可给予青霉素或土霉素；同时适当补液，合理营养支持，给予抗炎药物等。

②羊黑疫通常无法及时治疗，因为该病病程较短。对于发病早期有治疗价值的羊群可使用青霉素或其他广谱抗生素进行治疗。

③羔羊痢疾通常无法及时治疗。

④允许使用国家兽药管理部门批准的针对本病的其他中西药物，但药物的选用应符合《中华人民共和国兽药典》的规定。

## 六、规模化肉羊养殖妊娠毒血症防治技术

**1. 病因**

（1）摄入能量不足　若妊娠末期的母羊营养供给不足或单一，无法满足胎儿与母羊的营养需要，母羊易血糖过低，导致能量代谢紊乱，使体内聚积过多的游离脂肪酸，引发肉羊妊娠毒血症。

（2）多胎或胎儿过大　多胎或胎儿过大会导致母羊需要更多的能量。母羊能量摄取不足时易出现能量代谢紊乱，引发肉羊妊娠毒血症。

（3）缺乏微量元素　缺乏硒元素或维生素 $B_7$ 时，脂肪和蛋白质的代谢紊乱，糖异生作用减弱或停止会引起低血糖，导致肉羊妊娠毒血症的发生。

（4）其他因素　天气、运输、长期惊吓等应激因素，母羊妊娠期运动量减少、患有影响正常采食的其他疾病、空怀期和妊娠早期过于肥胖以及寄生虫感染等均会增加母羊的患病风险。

**2. 临床症状**

（1）初期症状　早期表现为食欲下降，呈消瘦和精神沉郁的状态。随着病情发展，母羊会出现视力障碍，甚至完全失明。同时肌肉震颤，出现弓背等非正常姿势，行动不便。此外，母羊的呼吸频率会加快，但体温仍然保持正常。

（2）后期症状　后期随着病情不断加重，母羊食欲废绝、反刍停止、全身肌肉痉挛、眼球挛缩、耳部震颤、四肢抽搐、卧地不起。病情恶化后，母羊最终昏迷，直至死亡。

**3. 诊断**

（1）临床诊断　根据病史和临床症状，特别是妊娠晚期的进食情况，进行初步临床诊断。

（2）剖检　对病羊进行尸检，可能会发现不同程度的脂肪肝和肾上腺异常。肝脏肿大至正常体积的2～3倍，边缘钝圆，切面有油脂滴下。肾上腺肿胀，皮质、髓质出现充血、出血。

（3）实验室诊断

①血糖检查　部分病例表现为低血糖，血糖浓度低于2mmol/L。

②血液生化检测　血液总蛋白减少，血液中酮体含量明显高于正常值。丙氨酸氨基转移酶（ALT）、天冬氨酸氨基转移酶（AST）、γ-谷氨酰转肽酶（GGT）、总胆红素（TBI）、乳酸脱氢酶（LDH）升高，提示肝脏损伤程度。

③全血β-羟基丁酸监测

健康状态：全血β-羟基丁酸浓度低于0.8mmol/L。

亚临床状态：全血β-羟基丁酸浓度高于0.8mmol/L，但不表现明显的临床症状。

临床状态：全血β-羟基丁酸浓度在3mmol/L以上。

**4. 防治**

（1）预防措施

①母羊去角　参配的有角母羊应在配种前2周完成断角，避免由于有角母羊霸食、挑食造成其他妊娠母羊无法摄取足量的营养。

②确定怀胎数量　在母羊繁殖过程中，结合人工授精和常规孕检程序可以对母羊的身体状况和胎儿情况进行评估。在繁殖期，需要对母羊进行身体状况评估和BCS评分，以了解其健康状况。在妊娠中期，可以通过B超孕检来确定怀胎数量，以便更好地进行母羊分群饲养和管理。

③合理分群　在养殖过程中，为了保证母羊健康和羔羊的生长发育，需

要对妊娠母羊进行分群处理。对于多胎母羊和瘦弱的母羊，可以单独将其分为一组，并给予额外的饲料以增加营养摄入和补充能量，有效防止母羊出现体重不足、营养代谢紊乱等问题。对于体况较好的母羊，可以另行分组，以满足不同的营养需求。

④健康状态监测　在妊娠90d左右，对群体中的母羊进行随机抽样，检测全血β-羟基丁酸及血糖浓度。根据检测结果，判定妊娠羊群健康状态。尽早发现临床及亚临床的患病母羊，及时进行药物干预。

⑤日常管理　为了确保母羊健康繁殖和羔羊的健康，在母羊配种前需要对母羊进行驱虫工作。通常建议在配种前一个月完成体内外寄生虫的驱虫，预防消化道寄生虫影响妊娠期母羊的营养吸收。

确保所有妊娠母羊自由采食、饮水，以保证母羊身体健康和营养供应。定期对妊娠母羊进行BCS评分，适度调整母羊的营养水平，从而控制整个妊娠期母羊的体重。

在繁殖期，规划妊娠母羊的运动和活动范围，以提高母羊的体质和健康状况。同时，需要做好产前准备工作，如卫生清洁、饲养环境的准备等，以保证分娩过程的安全和顺利进行。此外，在整个繁殖期中还需要加强卫生管理和疾病防控，确保母羊和羔羊的健康和生产性能。

（2）*治疗方法*　严重低血糖患羊可单次静脉注射50%葡萄糖60～100mL，随后使用5%葡萄糖进行补液治疗；也可以口服高浓度葡萄糖电解质溶液，每次160mL，每日3～4次，持续3～6d。对于妊娠毒血症尚处于早期的母羊，宜提高饲料能量密度，提高精料比例，考虑口服给予丙二醇和电解质溶液。同时根据病情进行适当的镇痛、强心，必要时采用人工引产或流产。同时应考虑使用广谱驱虫药有效防治消化道寄生虫。

## 七、规模化肉羊养殖乳腺炎防治技术

### 1. 常见病原

引起乳腺炎的病原菌主要包括金黄色葡萄球菌、无乳链球菌、停乳链球菌、乳房链球菌及大肠杆菌，这些主要病原菌又大致分为环境性微生物和传染性微生物。环境性微生物与羊生长环境有关，来源于羊与外界环境的交流（水、粪、土等），能够引起强烈的临床症状；传染性微生物则是在羊群中相互传播的病原微生物，其媒介常常是其他动物使用后未消毒干净的挤奶设备、擦拭乳头的毛巾等。

**2. 病因**

乳腺炎的主要病因包括由于挤乳技术不熟练或者挤乳工具不卫生等因素导致的乳头局部破溃、乳头或乳腺腺体损伤，进而体表定植的细菌感染乳腺。一般在体表定植的细菌以金黄色葡萄球菌、表皮葡萄球菌为主。亦可见于口蹄疫、结核病、子宫炎、脓毒败血症等疾病过程中。

**3. 临床症状**

（1）*急性乳腺炎*　急性乳腺炎乳房肿胀严重，乳房组织呈大面积坏疽，乳房皮肤紫红，触摸有明显疼痛感，产奶量急剧下降，乳汁水样，伴有血样或脓汁，病羊体温升高，食欲减退，反刍减少或停止，心跳、脉搏和呼吸加速，当病情发展较快且症状严重时可危及生命。

（2）*亚急性乳腺炎*　亚急性乳腺炎乳房肿胀明显，肿胀部位有温热感，手触有疼痛感，乳房淋巴结肿大，产奶量下降甚至停止，乳汁稀薄呈淡黄色，伴有絮状凝块，病羊体温升高，食欲减退，精神沉郁。

（3）*慢性乳腺炎*　慢性乳腺炎多由持续感染引起，或由急性乳腺炎转至慢性乳腺炎。乳房组织弹性下降，病灶区有硬结。

**4. 诊断**

应根据特征的临床症状进行诊断。此外，还可采用的实验室诊断方法包括病原菌的分离培养法、乳汁体细胞计数法、乳汁 pH 检验法、电导率检验法、酶类检测法和乳成分直接检测法。

**5. 综合防治**

（1）*预防措施*

①创造良好卫生环境　羊舍、运动场设计合理，空间宽敞，保持阳光充足；圈舍保持清洁、干燥，垫草应干、软、清洁、新鲜并经常更换。应定期对羊舍和运动场进行消毒，在乳腺炎高发季节应加强消毒。

②加强饲养管理　根据肉羊的营养需要，各生产阶段精、粗饲料搭配合

理，增加青绿饲料、青贮饲料的饲喂量，维持机体最佳生理机能。停乳后要随时检查乳房，发现异常应立即处理；在干奶后期应适当增加精料，控制盐和多汁饲料的饲喂量，在饲养管理过程中避免应激。

③规范生产操作　规范母羊挤奶操作，坚持挤奶前检查、乳头预药浴，保持乳头清洁，定期验奶，定期检查，对母羊隐性乳腺炎进行检测。

（2）*治疗方法*

①在养殖过程中，可使用40万IU青霉素，或8万IU庆大霉素，混合蒸馏水20mL，用乳头管针头分2次注入，每天共2次。注射前需要用酒精棉球消毒乳头，并挤出乳房中的乳汁，而且在注射后要按摩乳房。

②乳腺炎可于早期冷敷、中后期热敷，或用10%鱼石脂软膏外敷进行适当缓解。除化脓性乳腺炎外，外敷前可配合乳房按摩。对于乳房极度肿胀、发高热的全身性感染羊只，需要及时用卡那霉素、庆大霉素和青霉素等抗生素，及时进行全身治疗。

## 八、规模化肉羊养殖腐蹄病防治技术

### 1. 常见病原

腐蹄病是由坏死杆菌或与其他多种致病菌混合感染引起的传染病。坏死杆菌分布广泛，为厌氧革兰氏阴性菌，可以通过其产生的内毒素和外毒素对家畜的机体造成损伤，引发蹄部和机体的炎性症状，在感染后期病原菌释放的毒素还可以通过血液循环系统引发全身性的症状。

### 2. 病因

（1）*营养不良*　饲养过程中，钙、磷等矿物质和一些维生素以及蛋白质的缺乏会影响蹄部角质化的形成，使得蹄部发育不完整，易受到坏死杆菌等致病菌的侵袭；另外，饲粮营养不全也会影响羊的体质发育，使羊免疫力降低，易被致病菌感染而发生腐蹄病。

（2）*环境卫生管理不当*　腐蹄病多发于天气潮湿、雨水较多的夏秋季节，饲舍内潮湿或存在积水，羊蹄部长期浸泡其中而导致蹄部角质软化、腐烂，有些羊易因管理不当而导致蹄部被石子、玻璃等尖锐物品刺伤，舍中粪便、泥浆、废料等清扫不及时，羊蹄部易被滋生的细菌感染。

**3. 临床症状**

发病初期会出现跛行，患蹄不敢落地，患部皮肤发白，有轻微肿胀、精神沉郁、食欲下降等症状，由于炎症会引起蹄部痒痛，一般可见用蹄刨地的情况。随着病程发展，蹄间、蹄冠开始化脓、溃烂，有黑色、恶臭液体流出，最终蹄匣脱落。关节坏死病情严重后，病畜会出现体温升高，严重时可导致全身败血性症状，发生死亡。

**4. 诊断**

根据患畜蹄部组织出现坏死、腐烂、流脓、恶臭等症状可以初步做出诊断，但应注意与蹄叶炎的区分。取患羊蹄部病变组织进行实验室细菌诊断，用无菌棉拭子蘸取患处组织深部，快速接种到卵磷脂含量为0.02%的培养基上，将培养基置于10%的二氧化碳厌氧培养箱中培养48h，若发现培养基上有中央不透明、边缘处有一圈亮带的蓝色菌落长出，即可确诊为坏死杆菌感染。

**5. 防治**

（1）预防措施

①应做好饲养环境卫生管理，定期清扫地面，保持清洁干燥，及时更换新鲜垫料。

②做好消毒工作，地面、饲槽、水槽等应定期使用3%的甲醛和氢氧化钠溶液进行消毒，防止病原菌的传播。

③加强营养管理，使用料草结合的日粮，保证日常摄入的矿物质、维生素与蛋白质等营养物质水平，以提高肉羊自身免疫力。

④进行疫苗接种也可以有效防止该病的发生。发现病羊应及时进行隔离，防止疾病大规模扩散。

（2）治疗方法

①轻症　先用酒精、碘酊或者2%的福尔马林消毒，再用浸泡有药液的纱布填充于患部后进行包扎，用10%的龙胆紫进行每日擦洗，每隔1d治疗1次，1周左右可以康复。可局部应用抗生素（如土霉素喷雾剂），但应保证用药时药物可长时间附着于蹄部，否则治疗无效或药效减退。

②重症　温水清洗患部，若存在脓包，先切开排脓，用蹄刀刮除坏死、腐烂的组织，直至露出干净的创面，用1%的高锰酸钾溶液、3%的来苏儿或者双氧水溶液进行冲洗，直至脓汁和组织污物清除干净，用10%的硫酸铜溶液或3%的福尔马林浸泡蹄部10min，最后用5%的碘酊溶液擦拭周边的创缘。

③全身治疗　对于腐烂面积较大、较深，症状严重的可以在局部治疗的基础上，配合使用抗生素（青霉素等）进行全身性治疗。

## 九、规模化肉羊养殖布鲁氏菌病防治技术

**1. 病原**

布鲁氏菌是一种细胞内寄生的革兰氏阴性病原菌，无荚膜（光滑型有微荚膜），触酶、氧化酶阳性，绝对嗜氧菌，可还原硝酸盐，主要侵害动物的淋巴系统和生殖系统，可以在很多种家畜体内存活。

**2. 流行特点**

布鲁氏菌病（简称“布病”）是一种人畜共患的慢性传染性疾病，主要损害人、畜的生殖系统和关节，危害较大。在我国该疾病的主要传染源为牛、羊、猪3种牲畜，其中羊型布鲁氏菌的传播性最强，通过皮肤、黏膜、消化道和呼吸道感染人，致病率最高，危害最为严重。

母畜比公畜，成年畜比幼年畜发病多。在母畜中，第一次妊娠母畜发病较多。带菌动物，尤其是病畜的流产胎儿、胎衣是主要传染源。消化道、呼吸道、生殖道是主要的感染途径，也可通过损伤的皮肤、黏膜等感染，常呈地方性流行。

**3. 临床症状**

潜伏期一般为14～180d。最显著症状是怀孕母畜发生流产，流产后可能发生胎衣不下和子宫内膜炎，从阴道流出污秽不洁、恶臭的分泌物。新发病的畜群流产较多；老疫区畜群发生流产的较少，但发生子宫内膜炎、乳腺炎、关节炎、胎衣不下、久配不孕的较多。公畜往往发生睾丸炎、附睾炎或关节炎。

主要病变为生殖器官的炎性坏死，脾、淋巴结、肝、肾等器官形成特征性肉芽肿（布病结节），有的可见关节炎。胎儿主要呈败血症病变，浆膜和黏膜有出血点和出血斑，皮下结缔组织发生浆液性、出血性炎症。

**4. 实验室诊断**

（1）病原学诊断

①显微镜检查　采集流产胎衣、绒毛膜水肿液、肝、脾、淋巴结、胎羊胃内容物等组织，制成抹片，用柯兹罗夫斯基染色法染色，镜检，布鲁氏菌为红色球杆状小杆菌，而其他菌为蓝色。

②分离培养　新鲜病料可用胰蛋白胨琼脂面或血液琼脂斜面、肝汤琼脂斜面、3%甘油+0.5%葡萄糖肝汤琼脂斜面等培养基培养。若为陈旧病料或污染病料，可用选择性培养基培养。培养时，一份置于普通条件下，另一份置于含有5%～10%二氧化碳的环境中，37℃培养7～10d，然后进行菌落特征检查和单价特异性抗血清凝集试验。为使防治措施有更好的针对性，还需做种型鉴定。

如病料被污染或含菌极少时，可将病料用生理盐水稀释5～10倍，健康豚鼠每只腹腔内注射0.1～0.3mL。如果病料腐败时，可接种于豚鼠的股内侧皮下。接种后4～8周，处死豚鼠，从肝、脾分离培养布鲁氏菌。

（2）血清学诊断　可使用虎红平板凝集试验、全乳环状试验、试管凝集试验、补体结合试验等进行血清学诊断。县级以上动物疫病预防控制机构负责布病诊断结果的判定。

**5. 疫情报告及处理**

（1）疫情报告

①任何单位和个人发现疑似疫情，应当及时向所在地农业农村（畜牧兽医）主管部门或动物疫病预防控制机构报告。

②接到动物疫情报告的单位，应当及时采取临时隔离控制等必要措施，防止延误防控时机，并及时按照国家规定的程序上报。

（2）疫情处理

①发现疑似疫情，畜主应限制动物移动；对疑似患病动物应立即隔离。

②所在地农业农村（畜牧兽医）主管部门或动物疫病预防控制机构要及

时派工作人员到现场进行调查核实，开展实验室诊断。确诊后，当地人民政府组织有关部门按扑杀、隔离、无害化处理等要求处理。

③流行病学调查及检测，开展流行病学调查和疫源追踪，对羊群进行定期检测。

④消毒时应对患病动物污染的场所、用具、物品严格进行消毒。饲养场的金属设施、设备可采取火焰、熏蒸等方式消毒；养畜场的圈舍、场地、车辆等，可选用2%氢氧化钠等有效消毒药消毒；饲养场的饲料、垫料等，可采取深埋发酵处理或焚烧处理；粪便消毒采取堆积密封发酵方式；皮毛消毒用环氧乙烷、福尔马林熏蒸。

⑤发生重大布病疫情时，当地县级以上人民政府应按照《重大动物疫情应急条例》有关规定，采取相应的扑灭措施。

**6. 防治**

非疫区以监测为主；稳定控制区以监测净化为主；控制区和疫区实行监测、扑杀和免疫相结合的综合防治措施。

（1）免疫接种

①范围　疫情呈地方性流行的区域，应采取免疫接种的方法。

②对象　免疫接种范围内的肉羊等易感动物应根据当地疫情，确定免疫对象。

③疫苗选择　布病疫苗S2株（以下简称S2疫苗）、M5株（以下简称M5疫苗）、S19株（以下简称S19疫苗）以及经农业农村部批准生产的其他疫苗。

（2）监测

①监测对象　肉羊等易感动物。

②监测方法　采用流行病学调查、血清学诊断方法，结合病原学诊断进行监测。

③监测范围及数量

免疫地区：对新生动物、未免疫动物、注射免疫一年半或口服免疫一年以后的动物进行监测。监测至少每年进行一次，牧区抽检300只以上，农区和半农半牧区抽检200只以上。

非免疫地区：监测至少每年进行一次。达到控制标准的牧区抽检

1 000只以上，农区和半农半牧区抽检500只以上；达到稳定控制标准的牧区抽检500只以上，农区和半农半牧区抽检200只以上。

所有的肉羊和种畜每年应进行两次血清学监测。

④监测时间　对成年动物监测时，羊在5月龄以上，怀孕动物则在第1胎产后0.5～1个月进行；对S2、M5、S19疫苗免疫接种过的动物，在接种后18个月进行。

⑤结果处理　按要求使用和填写监测结果报告，并及时上报。

（3）检疫

①异地调运的动物，必须来自非疫区，凭当地动物卫生监督（服务）机构出具的检疫合格证明调运。

②动物卫生监督（服务）机构应对调运的种用、乳用、役用动物进行实验室检测，检测合格后，方可出具检疫合格证明。调入后应隔离饲养30d，经当地动物卫生监督（服务）机构检疫合格后，方可解除隔离。

（4）人员防护　相关从业人员每年要定期进行健康检查。发现患有布病的应调离岗位，及时治疗。

（5）防疫监督　布病监测合格应为肉羊场、种畜场《动物防疫合格证》发放或审验的必备条件。动物卫生监督（服务）机构要对辖区内肉羊场、种畜场的检疫净化情况监督检查。鲜奶收购点（站）必须凭健康证明收购鲜奶。

## 十、规模化肉羊养殖羊口疮防治技术

### 1. 病原

羊口疮病毒，又称传染性脓疱病毒，痘病毒科副痘病毒属。病毒粒子呈砖形或椭圆形，核酸为双股的DNA，有囊膜，对外界具有相当强的抵抗力，干燥痂皮内的病毒对日光和寒冷的抵抗能力很强。对温度较为敏感，在60℃时30min或煮沸3min均可使其灭活，对乙醚、氯仿、苯酚等敏感。2%的福尔马林浸泡20min及紫外线照射10min均能使病毒灭活。

**2. 常见病因**

（1）通常母羊患病是由患病羔羊吸乳而引发，公羊患病则是因配种而引发。

（2）健康羊在与患病羊接触或使用被污染的养殖器具、生产用具、饲料以及饮用水等均会染病。

（3）羊舍过于潮湿、羊群饲养密度大、饲喂带芒刺的饲草以及羔羊出牙等，都可导致该病发生。

（4）饲喂品质低劣、营养不足的草料，母羊膘情差，泌乳过少，羔羊体质虚弱，容易感染发病。

（5）气候寒冷、圈舍通风不良、光照不足，使羔羊抵抗力降低，容易感染发病。

（6）产房、育羔舍饲养密度过大，羊只频繁接触，一只发病即易扩散至全群。

（7）新发生地区多为引种不科学，将病羊或带毒羊引入养殖区域后引发。

**3. 流行特点**

（1）羊口疮全国范围内均可发生，绵羊及山羊均易感，具有群发性流行特点。

（2）发病无年龄限制，3～6 月龄羔羊发病后危害最为严重。

（3）传播途径主要为直接接触传播与创伤传播。

（4）该病无明显季节特征，全年均可发病，以春季和秋季患病概率较高。

（5）不同地区分离的病毒抗原性不完全一致。

**4. 临床症状**

潜伏期为 4～7d。羊口疮在临床上按感染部位不同分为唇型、蹄型和外阴型，偶见混合型。

（1）*唇型羊口疮*　病羊食欲不佳，机体消瘦，被毛杂乱，口唇部位肿胀严重，唇部、舌头、牙龈、口腔黏膜以及脸颊等多个部位均存在水疱，水疱迅速转变为脓疱，待破裂后即可见糜烂斑，病羊口中散发出恶臭气味、流涎浊唾液。

若病情严重，病羊口腔周边、眼睑以及耳廓等多个部位可见大面积的龟裂，进而转变为易出血的痂垢，痂垢下增生有肉芽。

（2）蹄型羊口疮　该型仅发生于绵羊。发病后其蹄冠、系部、蹄叉等多个部位可见脓疱及溃烂。病羊跛行，长期卧地，严重时全身感染，最终因继发败血症而死亡。

（3）外阴型羊口疮　该型病羊主要症状为乳头、阴唇以及阴茎等多个部位周边皮肤存在脓疱以及痂皮等。

（4）混合型羊口疮　病羊体温升高、反刍减少、食欲不振、机体日渐消瘦、精神萎靡、流涎不止，口中恶臭严重，常继发全身感染。病情严重时溃烂面严重恶化，出现组织坏死，部分病羊还会出现结膜炎等症状。

**5. 诊断**

根据特征的临床症状及流行情况进行诊断。可分离培养病毒或直接对病料进行负染色电镜观察。此外，还可用血清学方法诊断，如补体结合试验、琼脂扩散试验、反向间接血凝试验、酶联免疫吸附试验、免疫荧光技术和变态反应等方法。本病应与羊痘、蓝舌病、坏死杆菌病等进行鉴别诊断。

**6. 防治**

（1）预防措施

①定期免疫　为16～18日龄羔羊皮下注射0.5mL羊口疮弱毒疫苗，部位为股内侧或颈部，之后每6个月接种一次，接种10d后即可产生免疫。

②严格引种　引种须严格执行引种规范，禁止从疫区进行引种，引种后应第一时间对引种人员、车辆以及设备进行全面消毒，并严格隔离引进羊，引进羊的观察期不得少于15d，待确保引进羊无病后方可混群饲养。

③全面消毒　定期对羊栏、圈舍、养殖器具消毒，及时清理圈舍内垫草以及宿便。消毒时应轮换使用不同消毒药剂，以避免耐药性的产生。

④强化饲养管理　饲养过程中严禁为羊群喂食干硬饲草，确保羊舍内无尖锐异物，防止对羊皮肤造成创伤。应在饲料或饮用水中及时补充铁、锌等

矿物质，以满足羊群生长时对微量元素的需求。

（2）*治疗方法* 羊口疮通常为自限性疾病，无需治疗，一般在3周内康复，但痂垢脱落后会污染环境成为新的感染源。对于哺乳受到影响的羊羔，可能需要人工饲喂。对于怀疑继发细菌感染的病例，可给予抗生素。

# 第四章 规模化肉羊养殖圈舍管理技术

本章介绍了规模化肉羊养殖圈舍的规模与建筑规划、选址与布局、设施与设备、管理与防疫、环保措施的技术要求。

## 一、规模与建筑规划技术

**1. 建设规模**

规模化肉羊场的建造规模可按以下划分：

①大型规模化肉羊场　存栏量≥3 000 只。

②中型规模化肉羊场　存栏量 1 000～2 999 只。

③小型规模化肉羊场　存栏量 500～999 只。

**2. 建筑用地**

（1）建设用地类型　项目用地类型应符合土地利用总体规划，土地管理法律、法规规定。

（2）规模化羊场建设用地规模指标　按每只羊 8～10$m^2$计算，含运动场及其他设施面积。

（3）用地规划

①生活及管理用地规划　职工宿舍、食堂、办公用房、门卫值班室等。

②生产及辅助生产用地规划　羊舍、干草库、饲料库、青贮池、更衣淋浴室、消毒室、兽医室、化验室、饲料加工间、储藏间、仓库、水泵房、变配电室及发电机房、地磅房、车库、机修车间等。

③废物处理用地规划　粪污储存及无害化处理场地。

（4）建筑结构　规模化肉羊场各类建筑结构可根据建场条件选用轻钢结

构或砖混结构。

（5）结构形式　宜选用门式钢架结构、屋架结构。

①抗震设计　按照《建筑抗震设计规范》（GB 50011）的规定执行。

②设计荷载　按照《建筑结构荷载规范》（GB 50009）的规定执行。

③基础设计　按照《建筑地基基础设计规范》（GB 50007）的规定执行。

## 二、选址与布局技术

**1. 场址选择与建设**

①场址选择应符合本地区土地利用发展规划和城乡建设发展规划及环评要求。

②场址应选择在距离生活饮用水源地、居民区和主要交通干线、其他畜禽养殖场及畜禽屠宰加工、交易场所500m以上。

③场址应选择在交通便利，地势较高，排水良好，通风干燥，向阳透光处，在丘陵山地建场时宜选择阳坡，坡度不宜超过20°。

④场址应符合《良好农业规范》（GB/T 20014.6）的要求。

**2. 基础设施**

①规模化肉羊场应有可靠的供水水源和完善的供水设施，可采用水塔、蓄水池或压力罐给水管网供水。应确保水源稳定、水质良好；设施包含有储存、净化功能。生活饮用水水质应符合《生活饮用水卫生标准》（GB 5749）的要求，畜禽饮用水水质应符合《无公害食品　畜禽饮用水水质》（NY 5027）的要求。

②规模化肉羊场应有稳定的电力供应，其供电设施应与场内用电负荷相匹配。各种电器设备及其传动部分，应设置防护罩、接地装置和避雷装置。场内应有市话网络或无线通信网络。供电系统符合《工业与民用供电系统设计规范》（GBJ 52）和《工业与民用电力装置的接地设计规范》（GBJ 65）的要求。

③规模化肉羊场应交通便利，机动车可通达。

④场区生产及生活污水采用暗管排放，雨水可采用明沟排放，两者不得

混排。在设计排污沟大小时应考虑最大排水量。明沟设计尺寸宜为：深300mm，上口宽300～600mm，沟底坡度不小于0.3%。

⑤羊场应采用经济合理、安全可靠的消防设施，按照《农村防火规范》（GB 50039）要求，各羊舍的防火间距为12m，草库与羊舍及其他建筑物的间距应大于20m。草库及料库20m以内分别设置消防栓，可设置专用消防泵与消防水池及相应的消防设施，消防用水可采用生产、生活、消防合一的给水系统；消防用水源、水压、水量应符合现行防火规范的要求，消防通道利用场内道路，应确保场内道路与场外公路畅通。

**3. 场区规划布局**

肉羊场场区规划布局应符合《畜禽场场地设计技术规范》（NY/T 682）的要求，总体规划按生活管理区、辅助生产区、生产区、隔离区进行布局。

①生活管理区包括管理人员办公用房、技术人员业务用房、职工生活用房、人员和车辆消毒设施，以及门卫、大门和厂区围墙。生活管理区一般位于场区全年主导风向的上风处或者侧风处。

②辅助生产区主要配备供水、供电、供热、设备维修、物资仓库、饲料储存等设施，这些设施应靠近生产区的负荷中心布置。

③生产区主要是肉羊圈舍。生产区应与生活管理区、辅助生产区和隔离区严格隔开，生产区四周设围墙或绿化隔离带，生产区入口设值班室、人员更衣消毒室、车辆消毒池。生产区内的母羊舍、羔羊舍、育成舍、育肥舍应分开，各个羊舍都有相应的运动场。羊舍间距应满足通风、防疫、消防要求，间距宜为檐高的3～5倍。

④隔离区主要包括兽医室、隔离舍和养殖场废弃物的处理设施，应位于全年主导风向的下风处和地势最低处，并与生活管理区、辅助生产区和生产区保持适当的防疫安全距离。隔离区与生产区和场外的联系应有专门的大门和道路。

**4. 净道和污道**

场内道路分净道和污道，两者应避免交叉与混用。道路设置要符合《畜禽场场地设计技术规范》（NY/T 682）的要求。场内净道宽度3.5～6m、污道2.5～3m。道路路面应硬化，宜采用混凝土路面。肉羊场内羊群周转、饲养员行走、场内运送饲料的专用道路与粪便等废弃物出场的道路要严格分开，不得交叉混用。

## 三、设施与设备技术

**1. 羊舍**

（1）羊舍类型

①封闭式羊舍　封闭式羊舍四周墙壁完整，保温性能好，纵墙上设窗，跨度可大可小，通风换气仅依赖门、窗或通风设备，便于人工控制舍内环境，适合较寒冷地区和产房采用。

②半开放式羊舍　半开放式羊舍分为两种：一种是三面有墙，正面全部敞开或有部分墙体；另一种是两面有墙。纵向都是只有部分墙体，这类羊舍的敞开部分在冬天可加遮挡或用卷帘形成封闭舍，适用于温暖地区。为了提高使用效果，也可在半开放式羊舍的后墙开窗，夏季加强空气对流，提高羊舍防暑能力，冬季将后墙上的窗子关闭，还可在向南墙面挂草帘或加塑料窗，以提高羊舍保温性能。

③开放式羊舍　开放式羊舍分为两种：一种是两面有墙，纵向都是敞开的；另一种是只有顶棚，四面无墙，起到防风雨、防日晒作用，舍内小气候与舍外空气相差不大。结构简单，造价低廉，自然通风和采光好，但保温性能较差，适合在气温较高的地区和季节使用。为克服保温能力差的缺点，可在羊舍前后加装卷帘，使其夏季通风、冬季保暖。

（2）羊舍屋顶类型　羊舍屋顶可分为单坡式、双坡式、拱式、钟楼式、双折式等类型。单坡式羊舍，跨度小，自然采光好，适用于小规模羊群和简易羊舍。双坡式羊舍最为常用，其跨度大，保暖能力强，但其自然采光、通风差，适合寒冷地区采用。寒冷地区还可选用拱式、双折式、平屋顶等类型。炎热地区可选用钟楼式羊舍。

（3）羊栏排列方式　根据羊舍跨度大小将羊栏设计为单列式、双列式和多列式。

（4）饲喂通道　单列式羊栏的饲喂通道宽度 1.8～2.5m；双列式羊栏的

饲喂通道宽度 2.3～3m；全混合日粮机饲喂通道宽度 3～3.5m。

（5）羊床和羊栏　羊床应由塑料、竹、木及混凝土制品等材料制成。公羊围栏高 1.2m，成年羊围栏高 0.9～1.0m，其他羊围栏高 0.8m。

（6）运动场　运动场的建造是为了保证羊只的活动时间和活动量，让羊只在人为设置的活动场地自由活动。运动场应设在羊舍的前面或后面，运动场护栏和羊舍连在一起，面积应为羊栏面积的 1.5～3 倍。运动场地面宜用砖石或水泥制成，以便于清洁且利于羊只在雨天后活动。

（7）饮水装置　羊舍和运动场应有饮水器或水槽。每个饮水器能提供给 6～8 只基础母羊、10～14 只育肥羊使用。饮水槽按照每头基础母羊 20cm 饮水位的需求设计。

**2. 饲养密度**

各类羊群饲养密度按表 4-1 规定。

**表 4-1　农区各类羊群饲养密度**

| 类别 | | 羊均面积（只/$m^2$） | 运动场面积 |
|---|---|---|---|
| 种公羊 | 单栏 | 4～6 | 运动场面积为羊舍面积的 1.5～3 倍 |
| | 群饲 | 2～2.5 | |
| 种母羊 | | 1～2 | |
| 育成公羊 | | 0.7～1 | |
| 育成母羊 | | 0.7～0.8 | |
| 断奶羔羊 | | 0.4～0.5 | |
| 生长育肥羊 | | 0.6～0.8 | |

**3. 消毒设施**

（1）消毒池　消毒池一般设在羊场大门口或生产区入口处，便于人员和车辆通过时消毒。消毒池常用钢筋水泥浇筑，供车辆通行的消毒池宽度应与大门相同，长 4m、深 0.3m 以上。供人员通行的消毒池大小为长 2.5m、宽 1.5m、深 0.05m。消毒液应定期更换，维持长期有效。人员往来在场门口一侧应设有紫外线消毒或喷雾消毒通道。

（2）药浴设备　药浴池一般为长方形狭长小沟，用砂石、砖、水泥砌成。池的深度 1m 左右，长约 10m，上口宽 0.5～0.8m，池底宽 0.4～

0.6m，以一只羊通过而不能转身为度。池的入口处为陡坡，以便羊只迅速入池；出口端筑成台阶式缓坡，以便消毒后的羊只攀登上岸。入口端设储羊栏，出口端设滴流台，使药浴后羊只身上多余的药水回流池内。

**4. 养殖设备**

①农区羊舍内有专用饲槽，运动场有补饲槽。饲槽底面较羊圈地面位置高出的距离：绵羊 0～10cm、山羊 25～35cm。饲槽遮挡板高度 10～15cm。牧区有防风、干净的补饲草料专用场所。

②农区保温及通风降温设施良好。牧区羊舍有保温设施、放牧场有遮阳避暑设施（包括天然和人工设施）。

③场区应有配套饲草料加工机具和饲料库。

④农区羊舍或运动场有自动饮水器。牧区羊舍和放牧场有独立的饮水井和饮水槽。

⑤农区有与养殖规模相适应的青贮设施及设备，有干草棚。牧区有与养殖规模相适应的贮草棚或封闭的贮草场地。青贮窖青贮饲草量按饲养 4 个月需要量建设，草库干草储量按饲养 5 个月需要量建设。

**5. 辅助设施**

①农区应有更衣室及消毒室。牧区有抓羊过道和称重小型磅秤。

②场区应有兽医室及药品、疫苗存放室。

## 四、管理与防疫技术

**1. 管理制度**

（1）生产管理制度

①养殖场人员实行个人负责制，赋予权力并承担责任。

②养殖场主管负责对全体员工和日常事务的管理，及时汇报养殖场情况。

③各岗位员工坚守岗位职责，做好本职工作，不得擅自离岗。

④做好养殖场的安全防盗措施和工作。

⑤晚上轮班看护好养殖场的牲畜和其他物品。

⑥做好每日考勤登记，不得作假。

(2) 兽药使用管理制度

①使用兽药应符合《兽药管理条例》《兽用处方药和非处方药管理办法》《中华人民共和国兽药典》的相关规定。

②兽药产品应具备产品质量合格证和国务院兽医行政管理部门核发的产品批准文号；兽药生产企业应具备处于有效期内的兽药生产许可证。

③ 进口兽药应取得进口兽药注册证书，由境内销售机构或代理机构购入。不得从境外企业直接购入进口兽药。

④禁止使用假、劣兽药以及国务院兽医行政管理部门规定禁止使用的药品和其他化合物。按照药品说明书合理贮藏药物，定期检查药品是否超出有效期，按“先进先出”原则使用药物。

⑤养殖场应聘有依照《执业兽医管理办法》规定注册的专职执业兽医，负责兽医室管理、处方笺开具和兽药使用监督。

⑥养殖场兽医和技术管理人员应为羊只建立详细的诊疗档案，包括动物编号、药品名称、药品剂量、给药时间、给药途径和疗程。使用有休药期规定的兽药时，应确保羊只在用药期、休药期内不被用于食品消费。

(3) 防疫管理制度

①进出车辆、人员及用具要严格消毒。场区入口通道和生产区入口需各设置消毒池，供车辆和人员消毒使用。进入生产区的人行通道除设消毒池外应增设紫外线消毒灯，进出人员要消毒 15min。进入羊舍前应踩踏消毒盆或消毒垫。消毒池、消毒盆、消毒垫内的消毒液应定期更换，保持干净清洁。

②所有进入生产区的人员都应换上消毒好的工作鞋、工作服、鞋套、防护服。

③凡是需要带进羊舍内的工具及物品都应经过二氯异氰尿酸钠浸泡消毒。

④工作人员不得将在家中饲养的偶蹄动物带入养殖场。

⑤饲养人员做好通风管理工作，保持圈内干燥清洁，不能喂发霉变质或污染的饲料。

⑥技术管理人员应做好人工授精，人工授精操作间安装紫外线灯，地

面、操作台用过硫酸氢钾复合物拖擦，所用器械必须进行消毒。

⑦技术人员、饲养人员应经常观察羊群状况，发现异常及时报告管理人员。对病死羊处理应及时，消毒要严格，严禁销售和自食病死羊。

⑧羊场应做好环境卫生工作，并定期进行灭鼠、灭蚊蝇工作。

⑨严格按照免疫程序进行免疫，并按要求填写好免疫档案，严格遵守疫情报告制度。

（4）消毒管理制度

①养殖场周围及场内应保持清洁，及时清理污水，杂物及畜禽排泄物。进入养殖场的车辆、人员和器具按照“防疫管理制度”中的内容进行合理消毒。

②生活区、办公室、食堂、宿舍及周围环境每月大消毒一次，场区内应设有消毒室、消毒通道、更衣室、兽医室、隔离舍、病死畜无害化处理间。

③场区内每周用2%氢氧化钠消毒或撒氧化钙一次，场区周围及场内污水池、排粪坑、下水道出口，每月用漂白粉消毒一次。

④羊舍内每周至少消毒一次。每栋羊舍门口要设立器具消毒清洗地点。饲槽、饮水器应每天清洗一次，每周消毒一次。

⑤消毒剂：应选择对人和畜禽安全，没有毒性残留、对设备没有破坏性，不会在畜禽体内有害积累的消毒剂。消毒剂应定期轮换使用。

⑥每批羊出栏时，场地和圈舍要彻底清理干净，用高压水枪冲洗，待舍内晾干后进行喷雾消毒或熏蒸消毒。

⑦更衣室、淋浴室、休息室、厕所等公共场所以及饲养人员的工作服、鞋、帽等应经常清洗消毒。

（5）免疫管理制度

①严格按免疫程序进行免疫。认真做好口蹄疫、小反刍兽疫、羊痘、羊痢疾、羊猝狙、羊肠毒血症及羊快疫等疫病的免疫工作。

②采购部在供应商发货前做好运输沟通，严格按照要求贮运疫苗，确保疫苗运输保温措施的有效性，接货后对疫苗运输的保温措施及疫苗效果进行验收，并做好记录。

③每天对冰箱内疫苗存放情况进行检查，包括设备运行温度、湿度，做好检查记录。

④疫苗使用前应仔细检查疫苗包装及性状。凡瓶子有裂纹、瓶塞松动及疫苗色泽、物理性状等与说明书不一致的疫苗严禁使用。

⑤认真阅读疫苗使用说明书，按照规定剂量和方法进行。过期疫苗不得使用。废弃疫苗及疫苗瓶要高温消毒，不得随意丢弃。

⑥免疫注射用具使用前后要严格消毒。免疫注射时一羊一针头，以免交叉感染。人员做好防护避免感染。

⑦认真填写免疫档案。详细记录免疫日期、疫苗名称、生产厂家、批号、疫苗生产期、有效期、免疫剂量等。

⑧疫苗接种免疫时，用注射器吸好 2 支肾上腺素注射液，出现应激反应时第一时间注射急救。疫苗后 2d 内要注意观察羊群的表现，发现应激反应时及时救治，群体反应强烈的要采取抗应激措施。

⑨定期对注射口蹄疫、小反刍兽疫疫苗羊只采血，血样送兽医部门进行免疫效价监测，每年春秋季进行两次抗体检测，及时了解免疫效果，完善免疫程序。

（6）消毒更衣室管理制度

①人员进场须在专用更衣室更换防护服、鞋套，经消毒通道消毒后方可进入养殖区。消毒通道应设有紫外线消毒和喷雾消毒，消毒时间 5min。

②上班时，员工换下的衣服、鞋帽等留在消毒房外间衣柜内，员工经消毒后在消毒间里间穿上工作服、工作靴等上班。

③下班时，工作服留在里间衣柜内，在外间更换自己的衣服、鞋帽后离开生产区。

④更衣间内必须保持整洁、无异味，衣服编号和衣柜编号要一一对应，工作服、毛巾折叠整齐，工作服、工作靴等禁止随意乱放，水鞋放在自己的编号柜内。

⑤上班员工应该相互检查监督，切实落实消毒间管理措施。

⑥消毒间管理由门卫保安员负责。消毒剂每两周更换一次，消毒液每周更换三次。

**2. 操作规程**

（1）制定羊群周转计划

①制定计划　根据羊只种类的不同，羊群周转计划按年、季或月编制。编制羊群周转计划，应有以下数据资料：初期羊群结构状况；交配分娩计划；淘汰羊只的种类、只数和时间；计划期内的生产任务及计划期内购入羊只的种类、只数和时间。

②掌握来源　清晰了解空怀羊的来源并及时分群：断奶母羊、青年羊、流产母羊、死胎死羔母羊，要及时将这些羊分群，避免长时间空怀，做好配种工作计划。

③合理分群　对于羊群要合理组群，争取将青年羊和断奶羊分开放置。对于待配羊要相对集中，除去特殊情况，尽量放在配种舍。每栏所放母羊数要在18～20只，放置地点要记录清晰，待配母羊应健康，膘情要合理，对于瘦弱羊要通知兽医及时进行挑选诊治。

（2）制定免疫程序　应根据实际情况制定科学合理的免疫程序。具体操作内容见第三章。

**3. 饲粮管理**

（1）饲草料保障措施

①采用种养结合的方式，种植产量高、营养均衡、适口性好的牧草品种。

②与种植户合作进行牧草收购，收购的牧草可直接投喂或者制成干草、青贮饲料。

（2）饲草料储存、加工设施

①青贮池　按《农村秸秆青贮氨化设施建设标准》（NY/T 2771）进行设计建设。

②草库　贮备量应满足一年的需要量。草库檐高4～6m。

③料库及精料加工车间　精饲料贮备量应能满足1～2个月的需要量。

**4. 生产记录与档案管理**

①应具有引羊时的动物检疫合格证明，并记录品种、来源、数量、月龄等情况，记录完整。

②有完整的生产记录，包括配种记录、接羔记录、生长发育记录和羊群周转记录等。

③有饲料、兽药使用记录，包括使用对象、使用时间和用量记录，并记录完整。

④有完整的免疫、消毒记录。

⑤保存有2年以上或建场以来的各项生产记录，专柜保存或采用计算机保存。

**5. 专业技术人员**

场区应具有1名以上经过畜牧兽医专业知识培训的技术人员，持证上岗。

## 五、环保措施要求

**1. 环境保护，粪污处理**

①新建肉羊场应进行环境评估，取得环保部门环境影响评估报告。

②规模化肉羊场的空气环境、水质、土壤等环境参数应定期进行检测，并根据检测结果做出环境评价，提出环境改善措施。

③羊舍的生产噪声或外界传入的噪声不得超过85dB，对产生噪声较大的车间，应控制噪声声源，应选用低噪声设备或采取隔音降噪控制措施。

④肉羊场应具备与生产能力（饲养规模）相适应的粪便、污水集中处理设施。储存场所要有防渗漏、防雨淋设施。

⑤新建肉羊场的粪便和污水处理设施建设应与肉羊场建设同步进行，其处理能力、有机负荷和处理效率应根据建场规模计算和设计。

⑥规模化肉羊场粪便必须及时进行无害化处理并加以合理利用，经无害化处理后的堆肥和粪便应符合《粪便无害化卫生标准》（GB 7959），并及时运出场外。

⑦规模化肉羊场污水处理后的排放应符合《畜禽养殖业污染物排放标准》（GB 18596）的要求。

**2. 病死羊处理**

①当羊场的羊只发生疫病死亡时，必须坚持五不原则：不宰杀、不贩运、不买卖、不丢弃、不食用，进行彻底的无害化处理。

②每个羊场必须根据养殖规模在场内下风口修一个无害化处理池。

③当羊场发生重大动物疫情时，除对病死羊只进行无害化处理，还应根据动物防疫主管部门的决定，对同群或染疫的羊只进行扑杀，进行无害化处理。

④无害化处理过程必须在兽医的监督下进行，并认真对无害化处理的羊只数量、死因、体重及处理方法、时间等进行详细的记录、记载。

⑤无害化处理完后，必须彻底对其圈舍、用具、道路等进行消毒，防止病原传播。

⑥掩埋地应设立明显的标志，当土地开裂或下陷时，应及时填土，防止液体渗漏和野犬刨出动物尸体。

⑦在无害化处理过程中及疫病流行期间要注意个人防护，防止人畜共患病传染。

# 附录　术语和定义

## 一、规模化肉羊养殖营养配给技术

### 1. 肉羊营养需要标准

（1）肉用绵羊　以产肉为主要生产用途的绵羊。

（2）营养需要量　动物在维持正常生理活动、机体健康及达到目标生产性能时对营养物质的最小需要量。

（3）总能（GE）　饲料完全燃烧所释放的热量。

（4）消化能（DE）　饲料总能减去粪能后的能量。

（5）代谢能（ME）　饲料总能减去粪能、尿能和甲烷能后的能量。

（6）净能（NE）　饲料代谢能减去热增耗后的能量。

（7）干物质采食量（DMI）　动物在24h内采食饲料中干物质的总量。

（8）中性洗涤纤维（NDF）　用中性洗涤剂去除饲料中的脂肪、淀粉、蛋白质和糖类等成分后，残留的不溶解物质的总称，包括纤维素、木质素及少量的硅酸盐等。

### 2. 全株玉米青贮饲料配制技术

（1）全株玉米青贮饲料　带穗玉米植株经收获调制后，在密闭条件下通过乳酸菌的发酵作用形成的饲草产品。

（2）干物质含量　饲料完全去除水分后的固体质量占原物质质量的比值，为质量分数，用百分比表示。

（3）籽粒破碎率　收获时破碎的玉米籽粒占总玉米籽粒的比例。

（4）pH　青贮饲料试样浸提液所含氢离子浓度的常用对数的负值，用于表示试样浸提液酸碱程度。

（5）铵态氮　青贮饲料中以游离铵离子形态存在的氮，以其占青贮饲料总氮的百分比表示，是衡量青贮过程中蛋白质降解程度的指标。

（6）总氮　青贮饲料中各种含氮物质的总称，包括真蛋白质和其他含氮物。

（7）青贮添加剂　用于改善青贮饲料发酵品质，减少养分损失的添加剂。

**3. 饲料品质控制技术**

（1）全混合日粮（TMR）　一种将粗料、精料、矿物质、维生素和其他添加剂充分混合，能够提供足够的营养以满足肉羊营养需要的饲粮。

（2）霉菌毒素　主要是指霉菌在其所污染的食品中产生的有毒代谢产物，它们可通过食品或饲料进入人和动物体内，引起人和动物的急性或慢性毒性，损害机体的肝脏、肾脏、神经组织、造血组织及皮肤组织等。

（3）酸中毒　体内血液和组织中酸性物质的堆积，其本质是血液中氢离子浓度上升、pH下降。

**4. 日常管理评估技术**

（1）干奶期　母羊从停止泌乳之日起到分娩后重新泌乳之间的一段时期。

（2）胎衣不下　胎儿产出后一定时间内胎衣无法正常排出的一种产科疾病。

（3）皱胃移位　指正常生理状态下位于腹腔右侧的皱胃，位置发生变化。

（4）产后瘫痪　是母畜产后突然发生的严重代谢紊乱疾病，通常由体内钙磷含量不足，生产过程中肌肉神经损伤等原因引起。

（5）酮病　由于碳水化合物和挥发性脂肪酸代谢障碍，酮体蓄积于血液和组织内所引起的疾病。

## 二、规模化肉羊养殖繁殖技术

**1. 种公羊繁殖性能检查技术**

（1）台畜　公畜采精时，用于支撑公畜爬跨的家畜或架子（假台畜）。

（2）种公羊繁殖性能检查　配种前对种公羊进行体检、布鲁氏菌筛查、生殖器检查和精液检查以判断种公羊繁殖力。

（3）前向运动精子　指精子活力检查中沿直线或沿大圆周运动的精子。

（4）电刺激采精法　用带电工具刺激前列腺、精囊、输精管膨大部位的神经而诱导泌精或射精来收集精液的方式。

**2. 发情鉴定技术**

（1）发情　指育龄空怀母羊在激素的作用下生殖器官和性行为出现变化，接受雄性爬跨和交配的周期性生理现象；也指育龄公羊在发情季节内由于激素水平的变化表现出求偶、爬跨和交配等行为。

（2）发情鉴定　通过外部观察等方式确定种公羊和母羊发情状态的方法。

**3. 发情期管理技术**

（1）短日照发情动物　在日照逐渐缩短的情况下发情配种的动物。

（2）同期发情　通过药物注射实现母羊发情期同步化的方法。

**4. 配种技术**

（1）自然交配　又称本交，将公羊和母羊按照比例混合饲养，当羊群中间的基础母羊出现发情现象，公羊嗅到气味后进行爬跨行为，从而完成的配种过程。

（2）人工辅助交配　指将公羊和母羊分群分栏饲养，在配种季节用试情公羊对母羊试情，若发现母羊有发情表现，立刻用优质种公羊进行交配的配种过程。

（3）人工授精　利用器械的方法人工采集公羊的精液，经过品质检查、稀释保存和运输等适当处理，再用器械把精液输送到发情母羊生殖器官的适当部位，从而使其受胎，代替公母羊的配种过程。

（4）宫颈输精　将导管放置在子宫颈，即连接阴道和子宫的狭窄部分，并输入精液的人工授精方法。

（5）经宫颈输精　将导管伸入并通过子宫颈，将精液输入子宫内部的人工授精方法。

（6）阴道输精　利用输精枪直接向母羊阴道内注射精液的人工授精方法。

（7）腹腔镜子宫内输精　用外科手术从腹部导入腹腔镜，通过输精枪向子宫角内注入精液的人工授精方法。

**5. 妊娠鉴定技术**

妊娠鉴定　配种后一定时间内采用外部观察、超声检查等手段判断受配母羊是否妊娠的方法。

**6. 围产期管理技术**

（1）围产期　母羊的妊娠期在150d左右，围产期指母羊产前30d、产后20d这段时间。

（2）引产　指通过人工的方法诱发母羊子宫收缩而终止妊娠。

（3）流产　指胎儿不足月就排出子宫，母羊终止妊娠。

（4）传染性流产　由病原微生物及寄生虫引起，具有传染性的流产。

**7. 生产管理技术**

（1）繁殖成活率　一个年度内断奶成活的羔羊数占该年羊群中适繁母羊总数的百分率，繁殖成活率＝年内成活羔羊数/该年适繁母羊数×100％。

（2）断奶成活率　指在一个年度内断奶成活的羔羊数占该年度出生活羔羊的百分率，表示的是羔羊培育成绩。断奶成活率＝断奶成活羔羊数/出生活羔羊数×100％。

## 三、规模化肉羊养殖疾病防治技术

**1. 规模化肉羊养殖免疫技术**

（1）免疫　机体识别和排除抗原性异物，以维持自身的生理平衡和稳定的一种保护反应。

（2）疫苗　用病原微生物、寄生虫或其组分或代谢产物经加工制成，也指用合成肽或基因工程方法制成用于人工主动免疫的生物制品。

（3）注射免疫　将疫苗（菌苗）通过肌肉、皮下、皮内或静脉等途径注入机体，使之获得免疫力。

（4）口服免疫　将疫苗或拌入疫苗的饲料饲喂给动物使其获得免疫力。

**2. 规模化肉羊养殖寄生虫防治技术**

（1）寄生虫病　由动物界包括原生动物的各种营寄生的无脊椎物种（统称寄生虫）寄生后引起的疾病。

（2）蠕虫病　由吸虫、绦虫、线虫、棘头虫引起的寄生虫病。

（3）球虫病　由一种或多种球虫引起的急性流行性寄生虫病。

（4）螨虫病　由于疥螨或痒螨寄生于表皮而引起的一种接触性、慢性感染的寄生虫病。

（5）蜱虫病　由寄生在体表的吸血节肢动物蜱虫叮咬所引起的疾病。

（6）优势虫种　在一定地区，某一种动物所感染的寄生虫虫种当中，感染分布广且危害严重的主要寄生虫虫种。

（7）蠕虫学剖检法　指通过对动物进行剖解在动物各器官和组织内发现寄生虫的方法。

**3. 规模化肉羊养殖细菌性肺炎防治技术**

细菌性肺炎　是由细菌感染导致的急性肺部炎症，在肉羊中主要由多杀性巴氏杆菌和溶血性曼氏杆菌引起，多发于幼龄或免疫力低下的个体。

**4. 规模化肉羊养殖羔羊腹泻防治技术**

羔羊腹泻　指由各种原因引起的羔羊以腹泻为主要症状的消化道疾病，是新产羔羊出生后常见的消化道疾病。

**5. 规模化肉羊养殖梭菌病防治技术**

（1）羊梭菌病　由梭菌属中的微生物所致的一类羊的传染性疾病，包括羊快疫、羊猝狙、羊肠毒血症、羊黑疫和羔羊痢疾等。

（2）羊快疫　由腐败梭菌引起，以皱胃出血性炎症为特征的羊的一种急性传染性疾病。

（3）羊猝狙　由C型产气荚膜梭菌毒素所引起，以溃疡性肠炎和腹膜炎为特征的羊的一种急性传染性疾病。

（4）羊肠毒血症　由D型产气荚膜梭菌在羊肠道中大量繁殖，产生毒素所引起，以心包积液，肺充血、水肿，胸腺出血和死后肾组织易于软化为特征的一种急性毒血症。

（5）羊黑疫　由B型诺维梭菌在羊肝脏中大量繁殖，产生毒素所引起，以肝实质坏死为特征的一种急性高度致死性毒血症。

（6）羔羊痢疾　由B型产气荚膜梭菌毒素所引起，以剧烈腹泻和小肠发生溃疡为特征的初生羔羊的一种急性毒血症。

**6. 规模化肉羊养殖妊娠毒血症防治技术**

（1）妊娠毒血症　妊娠毒血症是小反刍动物妊娠末期最常见的代谢紊乱疾病之一，由碳水化合物和脂肪代谢不良引起。该疾病的特征是血液和尿液中β-羟基丁酸浓度升高，血糖较低，表现出产前瘫痪、流产、厌食或拒食等症状。

（2）酮体　β-羟基丁酸、乙酰乙酸和丙酮的总称，由乙酰辅酶A生成。

（3）健康状态　指能够维持生理平衡状态，营养代谢良好的妊娠母羊。

（4）亚临床状态　由于能量供给不足，妊娠母羊处于能量负平衡状态，但尚未表现临床症状。

（5）临床状态　由于能量供给不足，妊娠母羊处于能量负平衡状态，并表现出临床症状。

（6）BCS评分　体况评分（Body Condition Score，BCS）是一种通过肉眼观察和触诊来对动物身体脂肪储存情况进行判断的方法。在1～5分制中，1分表示过度消瘦，5分表示过度肥胖。

**7. 规模化肉羊养殖乳腺炎防治技术**

（1）乳腺炎　是乳腺因感染、外伤或化学刺激所出现的炎症反应，以乳汁的物理、化学性质改变，乳中的体细胞，特别是白细胞显著增多及乳腺组织的病理学改变为特征。

（2）亚临床型乳腺炎　即慢性乳腺炎，患病母羊临床检查无症状，乳房和乳汁均无肉眼可见的病理变化等。如果对乳房进行仔细观察和触诊，能够发现在乳腺中存在硬结，挤出的乳汁中存在絮状物。

（3）临床型乳腺炎　临床型乳腺炎是指羊的乳房、乳汁有肉眼可见的炎症病理变化，乳汁排出不畅，泌乳减少或停止，乳汁变性或有絮状物。患部乳房组织出现不同程度的充血、肿胀、温热和疼痛，乳房上淋巴结肿大。

**8. 规模化肉羊养殖腐蹄病防治技术**

腐蹄病　也叫蹄间腐烂或趾间腐烂，秋季易发病，坏死杆菌侵入羊蹄缝内，导致蹄质变软、腐烂，流出脓性分泌物。

**9. 规模化肉羊养殖布鲁氏菌病防治技术**

(1) 布鲁氏菌病　简称"布病"，是由布鲁氏菌属细菌引起的人兽共患传染病。我国将其列为二类动物疫病。

(2) 疫点　疫点是指患病动物所在的地点。一般是指患病动物的同一畜群所在的畜场（户）或其他有关屠宰、经营单位。

(3) 疫区　疫区是指以疫点为中心，半径 3～5km 范围内的区域。疫区划分时注意考虑当地的饲养环境和天然屏障（如河流、山脉等）。

(4) 受威胁区　受威胁区是指疫区外顺延 5～30km 范围内的区域。

(5) 封锁　疫病呈暴发流行时，要对疫区依法实施封锁。在封锁期间，禁止染疫动物和疑似易感动物出入疫区；疫区周围设置警示标志，交通要道建立临时性检疫消毒站，对进出人员、车辆进行消毒；停止疫区内易感动物及其产品的交易活动；对易感动物实行圈养或指定地点放养，役用动物限制在疫区内使役。

(6) 隔离　对受威胁畜群（病畜的同群畜）实施隔离。对病畜同群畜可采用圈养和固定草场放牧两种方式隔离。隔离饲养用草场，不要靠近交通要道、居民点或人畜密集的地区。场地周围最好有自然屏障或人工栅栏。

(7) 扑杀　病畜和血清学（未经疫苗免疫或疫苗注射 18 个月以上动物或注射粗糙型疫苗的动物）或病原学阳性畜全部扑杀。

(8) 无害化处理　对病死畜和扑杀的病畜采取焚烧或深埋等无害化处理。

**10. 规模化肉羊养殖羊口疮防治技术**

羊口疮　又称羊传染性脓疱病，是由羊口疮病毒感染而引发的以口唇、舌、鼻、乳房等部位形成丘疹、水疱、脓疱和结成疣状结痂为特征的传染病。

## 四、规模化肉羊养殖圈舍管理技术

**1. 规模与建筑规划技术**

(1) 规模化　是指事物的规模大小达到了一定的标准。

(2) 存栏量　指某一阶段，养羊场中的所有羊（包括成年羊、羔羊、公羊、母羊等）的实际数量，反映了羊场的饲养水平。

**2. 选址与布局技术**

（1）羊舍　也叫羊圈，指专门提供给羊养殖的地点。

（2）场址选择　选择羊场位置时对该地段气候、地质、地貌、生态、景观、水文、气象等各种因素进行综合评判。

（3）基础设施　为羊场生产和职工生活提供公共服务的物质工程设施。

（4）场区布局　场址选定之后，根据羊场的近期和长远规划，场内地形、水源、主要风向等自然条件，对场内的全部建筑物合理安排，做到利用土地经济，沟通方便，布局整齐紧凑，并尽量缩短供应距离。

（5）净道　是羊群周转、场内工作人员行走、场内运送饲料的专用道路。

（6）污道　指粪便等废弃物和病死动物运输的道路。

**3. 设施与设备技术**

（1）饲养密度　是指单位面积饲养动物的数量，单位为只/$m^2$。

（2）消毒设施　用于羊场空气、地面和物品消毒的设施设备。

（3）养殖设备　养殖过程中所使用的各种机械、装备的总称。

（4）辅助设施　为维护主要生产设备生产所消耗的各种其他材料和设备。

**4. 管理与防疫技术**

（1）管理制度　指组织对内部或外部资源进行分配调整，对组织架构、组织功能、组织目的的明确和界定。

（2）操作规程　一般是指有权部门为保证本部门的生产、工作能够安全、稳定、有效运转而制定的，相关人员在操作设备或办理业务时必须遵循的程序或步骤。

（3）饲草　饲草又称牧草，指作为家畜饲料而栽培的植物。

（4）饲料　广义来说是指能提供动物所需的营养成分，保证动物健康，促进动物生长和生产，在合理使用的情况下不会产生有害的物质，包括农家饲料（饵料）和工业饲料。通常饲料指工业饲料，即饲料的狭义概念。

（5）生产记录　监督生产技术规程、安全规程和操作规程的实施情况的管理手段。

（6）档案管理　也称作档案管理工作，是直接对档案实体和档案信息进行管理并提供利用服务的各项业务工作的总称。

（7）专业技术人员　国家认可的，取得相应技术资格证书的人员；在单位中从事专业技术工作的人。

**5. 环保措施要求**

（1）粪污处理　羊的粪便经过人工收集后运至贮粪场进行处理。

（2）无害化处理　以物理、化学或生物的方法，对染疫动物、动物产品及排泄物进行消毒处理，使病原失活，确保其对人类、动物和环境不构成危害，即为无害化处理。

**图书在版编目（CIP）数据**

规模化肉羊养殖技术 / 王子璇等主编. —北京：
中国农业出版社，2023.10
ISBN 978-7-109-31108-4

Ⅰ.①规… Ⅱ.①王… Ⅲ.①肉用羊－饲养管理
Ⅳ.①S826.9

中国国家版本馆 CIP 数据核字（2023）第 173705 号

---

中国农业出版社出版
地址：北京市朝阳区麦子店街 18 号楼
邮编：100125
责任编辑：神翠翠
版式设计：小荷博睿　　责任校对：张雯婷
印刷：北京中兴印刷有限公司
版次：2023 年 10 月第 1 版
印次：2023 年 10 月北京第 1 次印刷
发行：新华书店北京发行所
开本：700mm×1000mm　1/16
印张：5.25
字数：80 千字
定价：29.80 元

---